复合材料夹层结构 抗冲击性能研究

刘加一　刘志康　黄　威　著

人民交通出版社

北　京

内 容 提 要

新型多功能复合材料夹层结构不仅具有较高的比刚度和比强度，而且在抗冲击、耐疲劳和声学等多功能需求方面具有明显优势，因此被广泛应用于船舶工程领域。复合材料夹层结构在服役期间不仅会受到静态载荷作用，而且可能会遭遇冲击载荷作用。为了获得新型复合材料夹层结构的动态力学响应，本书开展其抗冲击力学性能研究，系统介绍新型复合材料夹层结构的制备方法、动态冲击响应、损伤失效模式和能量耗散机理，使读者能够全面了解该类结构的抗冲击特点。

本书可供从事复合材料冲击动力学研究的相关学者阅读使用。

图书在版编目(CIP)数据

复合材料夹层结构抗冲击性能研究 / 刘加一，刘志康，黄威著 . — 北京：人民交通出版社股份有限公司，2024. 6. — ISBN 978-7-114-19629-4

Ⅰ. TB33

中国国家版本馆 CIP 数据核字第 2024909E7C 号

Fuhe Cailiao Jiaceng Jiegou Kangchongji Xingneng Yanjiu

书　　　名：	复合材料夹层结构抗冲击性能研究
著 作 者：	刘加一　刘志康　黄　威
责任编辑：	郭晓旭　单籽跃
责任校对：	赵媛媛　龙　雪
责任印制：	刘高彤
出版发行：	人民交通出版社
地　　　址：	(100011)北京市朝阳区安定门外外馆斜街 3 号
网　　　址：	http://www.ccpcl.com.cn
销售电话：	(010)59757973
总 经 销：	人民交通出版社发行部
经　　　销：	各地新华书店
印　　　刷：	北京建宏印刷有限公司
开　　　本：	787×1092　1/16
印　　　张：	11.25
字　　　数：	246 千
版　　　次：	2024 年 6 月　第 1 版
印　　　次：	2024 年 6 月　第 1 次印刷
书　　　号：	ISBN 978-7-114-19629-4
定　　　价：	68.00 元

PREFACE | 前言

新型多功能复合材料夹层结构不仅具有较高的比刚度和比强度,而且在抗冲击、耐疲劳和声学等多功能需求方面具有明显优势,因此被广泛应用于船舶工程领域。复合材料夹层结构在服役期间可能会遭遇不同类型的冲击载荷作用,明确不同冲击载荷下的动态冲击响应和能量耗散机理,对于准确认识新型复合材料夹层结构的抗冲击性能具有重要意义。虽然目前轻质复合材料夹层结构研发进展迅猛,但是多数研究者重点关注结构的静态力学性能,而较少涉及结构在高应变率和冲击载荷作用下的动态响应。为了能够充分发挥复合材料夹层结构的潜能,确保其在船舶结构中的可靠性应用,需要对复合材料夹层结构在冲击载荷作用下的力学性能和失效机理开展系统性研究。

本书主要内容涉及复合材料X形夹层结构、Y形夹层结构、点阵夹层结构、内凹蜂窝夹层结构和双箭头拉胀夹层结构制备研究;复合材料X形夹层结构动态压缩力学响应与失效机理研究;复合材料X形夹层结构、Y形夹层结构和双箭头拉胀夹层结构抗侵彻性能研究;复合材料X形夹层结构、内凹蜂窝夹层结构和双箭头拉胀夹层结构抗局部冲击性能研究;复合材料内凹蜂窝夹层结构和梯度泡沫夹层结构流固耦合性能研究;复合材料点阵夹层结构和内凹蜂窝夹层结构水下冲击性能研究;复合材料X形夹层船底板抗冲击性能研究。本书系统地介绍了复合材料夹层结构的制备方法、动态冲击响应、损伤失效模式和能量耗散机理,使读者能够全面地了解该类复合材料夹层结构的抗冲击性能。本书旨在抛砖引玉、促进复合材料夹层结构的抗冲击性能研究,为该类结构在船舶工程等领域的应用奠定基础。

感谢国家自然科学基金面上项目(编号:12172140)、国家自然科学基金青年科学基金项目(编号:11402094,11802100)等多年来对相关研究工作的支持。本书由刘加一、刘志康、黄威撰写与合作者共同完成,合作者分别是梅杰博士、柳佳林硕士、杨万春硕士、曾威硕士、余胜硕士、敖耀良硕士、邓思华硕士、范子豪硕士和李璨硕士,在此向合作者表示衷心的谢意。

　　由于作者水平有限,书中难免有不当之处,恳请广大读者批评指正。

作　者

2024年3月于华中科技大学

CONTENTS | 目录

第1章 | 绪论

为了能够充分发挥复合材料夹层结构的潜能,保证其应用于轻量化船舶和海洋结构物的可靠性,需要对复合材料夹层结构在冲击载荷下的力学性能和失效机理开展系统性研究。实验是验证船体复合材料夹层结构可靠性和适用性最可靠的手段,因此,本书将采用典型的复合材料成型工艺制备不同拓扑构型的复合材料夹层结构试样,并开展不同冲击载荷下的力学性能实验研究。采用理论和数值仿真方法构建科学有效的复合材料夹层结构力学性能表征模型和损伤力学模型,用于预测夹层结构的动态响应特征。本章介绍了复合材料夹层结构的研究背景,并总结了本书的主要研究内容。

1.1 复合材料夹层结构的研究背景

船舶工业是国家发展高端装备制造业的重要组成部分,是国家实施海洋强国战略的基础和重要支撑。《中国制造2025》将海洋工程装备和高技术船舶列为重点发展领域之一,强调走自主创新、绿色节能、低碳环保的可持续发展道路。采用先进材料和新制造加工工艺是发展高性能、节能环保船舶的关键。纤维增强复合材料(FRP)与传统金属材料相比,具有高强度、高比模量、耐腐蚀和抗疲劳的优势,此外它还可以实现耐低温、电磁兼容等多功能一体化设计[1-3]。因此,纤维增强复合材料在对结构轻量化需求高的航空航天、风电和舰船等领域都得到了广泛的应用。纤维增强复合材料船在前期制造费用上通常高于传统金属船舶,但是在重量上的优势和耐腐蚀等特点使其在使用期的载货量、燃油费用和维护费用上具有较大优势,因此国内外研究机构和造船企业在20世纪60年代就开始将复合材料应用于船舶制造中[4-5]。在最早期,主要采用玻璃钢单层壳辅以加强筋的结构形式来建造小型复合材料船艇,如英国1972年建造的Ton级无磁性扫雷艇,以及瑞典20世纪90年代初建造的SM YGE号隐身巡逻舰。但是由于复合材料本身刚度较低,采用复合材料单层壳结构作为主承力构件的船体,长度通常在数十米[6]。而使用夹层结构代替单层结构可以显著地改善复合材料刚度不足的问题[7-8],并增强船舶的损伤容限和抗冲击能力[9-10]。常见的船用复合材料夹层结构的面板通常使用玻璃纤维复合材料(GFRP)或碳纤维复合材料(CFRP),而夹层可由聚氯乙烯(PVC)泡沫、泡沫铝、铝制或复合材料蜂窝构成。国外对复合材料夹层结构在船舶结构中的应用研究起步早、成果多,如挪威海军的盾牌级舰、美国海军的"短剑"号高速隐身快艇都应用了全复合材料泡沫夹层结构,船体均具有较高的比强度和电磁透射性。与国外相比,我国在复合材料舰艇的设计建造方面还存在一定的差距。现如今,随着高性能纤维复合材料的普及和产能提升,制造工艺简单的泡沫夹层结构在潜艇非耐压外壳,大中型船舶水平舵、上层建筑、桅杆、天线罩、舱盖等非主要承力构件中已经得到广泛的使用。为了满足大型扫雷艇、高速大型客轮和渡轮对更高比刚度、比强度船体结构的需求,需要设计制造能作为主要或次要承载构件的新型复合材料夹层结构。由纤维增强材料构成的点阵[11-13]、格栅[14-16]和波纹[17]、X形[18]、Y形[19]和负泊松比[20]芯子因具有远强于泡沫夹层的力学性能,成为近年来的研究热点,并且一些点阵结构已在工程领域得到了应用。随着制造成本的下降,全纤维增强夹层结构在船舶领域(图1-1)也将有较大的应用前景[21-22]。

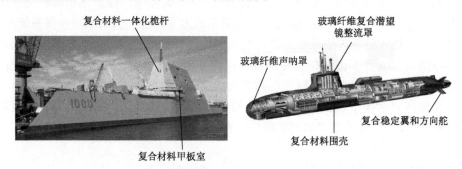

图1-1 复合材料及其夹层结构在水面和水下舰艇中的典型应用

船体结构在服役期间需要承受静、动混合载荷,还需要满足防震隔音要求,能抵抗海水拍击,甚至需要承受意外的撞击和爆炸等冲击载荷。因此,在纤维增强复合材料夹层结构应用于船体主、次要承力构件前,需要对其在各种冲击载荷作用下的力学响应和失效机理开展全面的评估和研究。目前,对于轻质复合材料夹层结构的研究,多数研究者重点关注结构的静态力学性能,而较少涉及结构在高应变率和冲击载荷作用下的动态响应。为了能够充分发挥复合材料夹层结构的潜能,保证其应用于轻量化船舶和海洋结构物的可靠性,本书将采用实验方法研究复合材料夹层结构的动态力学性能,分析复合材料夹层结构的损伤模式和失效机理,探讨复合材料夹层结构应用于船舶结构的可行性,同时建立理论预报模型和实验仿真模型,预测复合材料夹层结构的动态响应特征。

1.2 本书主要研究内容

本书将从复合材料夹层结构的制备以及复合材料夹层结构的抗冲击力学性能两个方面介绍主要研究内容。内容上循序渐进,第1章为绪论,主要介绍本书研究的背景和主要内容;第2章为复合材料X形夹层结构、Y形夹层结构、点阵夹层结构、双箭头拉胀夹层结构和内凹蜂窝夹层结构制备研究,是后续冲击实验研究的基础;第3章为复合材料X形夹层结构动态压缩力学响应与失效机理研究;第4章为复合材料X形夹层结构、Y形夹层结构和双箭头拉胀夹层结构抗侵彻性能研究;第5章为复合材料X形夹层结构、内凹蜂窝夹层结构和双箭头拉胀夹层结构抗局部冲击性能研究;第6章为复合材料内凹蜂窝夹层结构和梯度泡沫夹层结构流固耦合性能研究;第7章为复合材料内凹蜂窝夹层结构和点阵夹层结构水下冲击性能研究;第8章是将复合材料夹层结构应用于船舶结构,通过仿真方法研究复合材料夹层船底板的抗冲击性能。

第2章 ●●●● 复合材料夹层结构制备工艺

碳纤维复合材料夹层结构的力学性能和失效机理与金属结构相比更加复杂,且制备工艺会极大地影响结构的实际力学性能。船舶与海洋结构物在服役过程中会面临恶劣的海况,因此,作为承力构件的轻质复合材料夹层结构需要具备高强度、高刚度、易成型以及低密度、低成本等特性。根据研究现状分析可知,复合材料夹层结构的物理和力学特性主要受构型和制备工艺影响,且制备方式与结构构型直接相关。本书主要采用模具热压和粘接工艺制备复合材料夹层结构,其中,X形夹层结构、Y形夹层结构和点阵夹层结构主要通过热压成型技术进行一体化制备,双箭头拉胀夹层结构和内凹蜂窝夹层结构主要采用热压成型和粘接技术进行制备。

2.1 X形夹层结构制备工艺

在实验室中研究复合材料夹层结构的力学性能会受到测试设备和成本的限制,试样尺寸需要根据实验条件和要求进行设计。本节研究的X形夹层结构模具如图2-1所示。根据理论预报模型,为了设计具有良好力学性能的X形夹层,腹板倾斜角度α应在60°左右,通过固定试样夹层高度h并改变试样腹板厚度t_c来获得具有不同h/t_c的X形夹层试样,从而测试不同相对密度X形夹层的力学性能和失效模式。固定倾角α和高度h而改变腹板厚度t_c的设计方法可以在大幅改变夹层相对密度的同时,节约模具加工成本,且由于整体外形尺寸变化小,许多实验装置和夹具能够统一设计,有利于成本控制。

实验研究要求试样能够被重复、大批量地制备,同时不同批次的试样力学性能差异不能太大,因此选择合适的制备方式十分重要。本节在制备轻质纤维增强复合材料X形夹层结构时选用了可以一体快速成型的模具热压方法,该方法适合大批量制备复合材料夹层结构。模具热压一次成型相较于二次成型方法,无须反复的粘接工序;相较于复合材料增材制造方法,其成型速度大大加快,结构的尺寸不会受制于增材制造设备。纤维增强复合材料夹层结构的铺层顺序和面芯连接方式是夹层结构制备方法中需要重点考虑的问题,也是影响结构性能的重要因素。本节使用的钢制模具如图2-1a)所示,模具主要由若干个单胞块(单胞条A和单胞条B)及固定装置组成,另外配有一对厚度为20.0mm的钢制板用于上下面板的热压成型。较短的单胞条B通过边缘的浅凹槽与长条形固定夹板相配合来固定位置;而较长的单胞条A不仅通过上下表面的凹槽来定位,同时还通过位于侧面的边长为8.0mm的方形销钉槽与长销钉配合来起到固定作用。

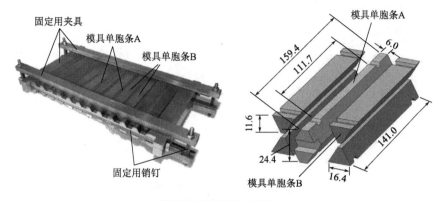

a) 钢制模具示意图(尺寸单位: mm)

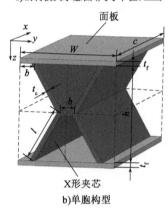

b) 单胞构型

图 2-1　X 形夹层结构模具

复合材料 X 形夹层结构的制备流程如图 2-2 所示,分为:①单胞预成型;②单胞块组装;③铺设面板;④加热固化成型;⑤冷却脱模。本节使用 T700 碳纤维/环氧树脂基单向预浸料为原料,先将单向预浸料裁剪为合适的尺寸,然后按正交铺层顺序 $[0°/90°]_{n/4}$ 铺设,n 表示 X 形夹层腹板的铺层层数,使用如图 2-2a)所示的棱柱形模具单胞条 A 和 B 进行固定预成型 X 形单胞。图 2-2a)中,铺设的碳纤维预浸料径向(0°)均在 yz 平面内,90°铺层方向为 yz 面法线方向,且最外侧的 0°铺层在靠近单胞条表面一侧。随后,将预成型的 X 形单胞按图 2-2b)中的方式依次组装,使用定制销钉固定单胞块;之后,在组装好的单胞上下两面分别铺设复合材料面板,面板的铺层顺序为 $[0°/90°]_{n/4}$,如图 2-2c)所示。X 形夹层腹板的两端均有额外伸出部分,用于增加面芯连接面积,从而获得更高的面芯连接强度。对铺设组装完成的 X 形夹层结构进行加热固化成型,热压固化温度为 125℃,固化时间为 1.5h,如图 2-2d)所示;最后,待模具冷却至室温后,脱去模具单胞条即可获得一次成型的碳纤维复合材料 X 形夹层结构,如图 2-2e)所示。在不同实验中,所需的夹层结构尺寸可能会有所不同,因此制成的复合材料 X 形夹层结构会根据实验要求使用小型计算机数字控制机床(CNC)切割为所需的尺寸大小。使用模具一次热压成型工艺制备的4种相对密度的碳纤维增强复合材料(CFRP)X形夹层试样如图2-3所示,图中下标"s"表示对称铺层。

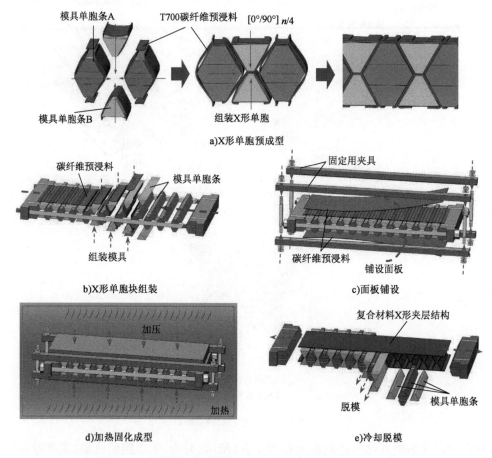

a)X形单胞预成型

b)X形单胞块组装　　　　　　　　　c)面板铺设

d)加热固化成型　　　　　　　　　e)冷却脱模

图2-2　复合材料X形夹层结构制备流程

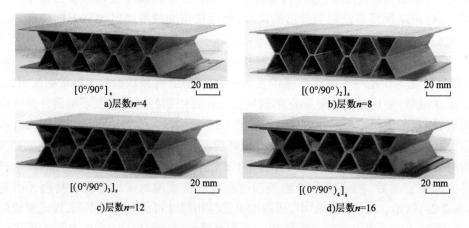

a)层数$n=4$　　　　　　　　　　b)层数$n=8$

c)层数$n=12$　　　　　　　　　d)层数$n=16$

图2-3　制备的CFRP X形夹层结构

2.2 Y形夹层结构制备工艺

碳纤维增强复合材料Y形夹层结构的几何尺寸和相对密度对试件的力学性能起着重要作用,且几何特征对试件制备工艺的选择影响较大。一般而言,采用模具热压一体化成型工艺制备复合材料夹层结构时,夹层结构越复杂,则制备工艺越烦琐。因此,在具体介绍Y形夹层结构的制备工艺前,有必要对碳纤维增强复合材料Y形夹层结构的几何特征进行介绍。为了方便介绍碳纤维增强复合材料Y形夹层结构的几何特征,在此特地选取一个碳纤维增强复合材料Y形夹层结构的单胞作为分析对象。碳纤维增强复合材料Y形夹层结构单胞的几何特征如图2-4所示,平面坐标系的方向1指平面内竖直向下的方向,方向2指平面内水平向右的方向,方向1和方向2在平面内互相垂直。碳纤维增强复合材料Y形夹层结构由上下两部分组成,且左右对称。上半部分包含与方向2夹角为α的Y形法兰和方向2尺寸为$2e$的中间平台,下半部分为方向1尺寸为h的竖直部。碳纤维增强复合材料Y形夹层结构的Y形芯子的高度(不计面板的厚度)为H,芯子的厚度为t。通过Y形夹层结构单胞,可计算得到其相对密度($\bar{\rho}$)为:

$$\bar{\rho} = \frac{2(H-h)\sin^{-1}\alpha + 2e + t + h}{HL_1}t \tag{2-1}$$

式中:L_1——Y形夹层结构单胞的宽度,mm。

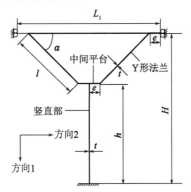

图2-4 碳纤维增强复合材料Y形夹层结构单胞的几何特征示意图

将上述碳纤维增强复合材料Y形单胞在两个方向上进行周期性重复,即可得到含有不同单胞数的碳纤维增强复合材料Y形夹层结构。碳纤维增强复合材料Y形夹层结构包含3个单胞,如图2-5所示,由尺寸参数L_2可知,Y形夹层结构试件上下面板均为正方形。除结构的厚度外,其他尺寸均保持不变。根据式(2-1)可知,在其他几何参数不变的条件下,复合材料Y形夹层结构的相对密度随着构件厚度的变化而变化。根据Pedersen等[23]关于不锈钢Y形夹层结构的研究可知,中间平台在方向2的尺寸过大,会导致Y形夹层结构的平压强度大幅降低。为了保证碳纤维增强复合材料Y形夹层结构具有较大的平压强度,在制备Y形夹层结构前,将Y形夹层结构的中间平台在方向2的尺寸设计得较小。

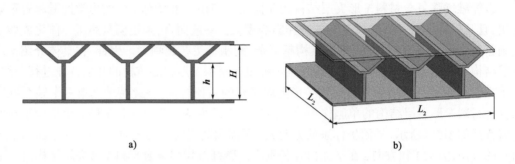

图2-5 碳纤维增强复合材料Y形夹层结构截面a)和b)三维结构示意图

碳纤维增强复合材料Y形夹层结构上下面板与Y形芯子的接触面积相对较小,且二次成型制备工艺需要进行面芯增强的设计,因此,为了提高碳纤维增强复合材料Y形夹层结构的制备效率,本书中所有碳纤维增强复合材料Y形夹层结构均采用模具热压一体化成型工艺制备得到。采用模具热压一体化成型工艺制备碳纤维增强复合材料Y形夹层结构,既可以强化Y形夹层结构的面芯界面性能,又可以简化制备工艺,避免二次成型对碳纤维增强复合材料Y形夹层结构造成不可预估的损伤。碳纤维增强复合材料Y形夹层结构构件分别由8层、12层和16层碳纤维/环氧预浸料制备,从而得到3种不同相对密度的试件。3种不同相对密度的碳纤维增强复合材料Y形夹层结构铺层顺序分别为$[0°/90°/0°/90°]_s$,$[0°/90°/0°/90°/0°/90°]_s$和$[0°/90°/0°/90°/0°/90°/0°/90°]_s$。为了详细地介绍碳纤维增强复合材料Y形夹层结构的制备工艺,选取相对密度为5.34%的Y形夹层结构为例进行介绍,制备工艺流程如图2-6所示:①为了碳纤维增强复合材料Y形夹层结构固化成型后便于移除模具,需要在模具表面涂上脱模剂,且要求脱模剂涂抹均匀。然后,将单胞模具组装成完整的模具,并且将Y形芯子嵌入模具中,如图2-6a)所示。②将4层预先裁剪的碳纤维/环氧预浸料平铺在模具的上下表面,再将Y形芯子的上下两部分的末端平铺在4层碳纤维/环氧预浸料上,如图2-6b)所示。③将另外4层预先裁剪的碳纤维/环氧预浸料平铺在图2-6b)所示的4层碳纤维/环氧预浸料的表面形成由8层碳纤维/环氧预浸料制备的上下面板,从而实现将Y形芯子上下两部分的末端嵌入碳纤维增强复合材料Y形夹层结构的上下面板中间,能够有效地强化面芯界面处的力学性能,如图2-6c)所示。④使用螺栓将模具和Y形夹层结构夹紧,如图2-6d)所示。随后,将其放置在125℃的温度箱内固化1.5h,如图2-6e)所示。⑤固化完成后,使模具及碳纤维增强复合材料Y形夹层结构逐渐冷却至室温,如图2-6f)所示。⑥将模具全部移除后,即可得到碳纤维增强复合材料Y形夹层结构,如图2-6g)所示。

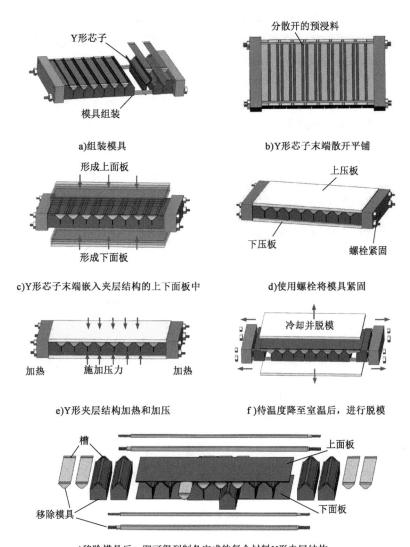

a)组装模具

b)Y形芯子末端散开平铺

c)Y形芯子末端嵌入夹层结构的上下面板中

d)使用螺栓将模具紧固

e)Y形夹层结构加热和加压

f)待温度降至室温后,进行脱模

g)移除模具后,即可得到制备完成的复合材料Y形夹层结构

图2-6 复合材料Y形夹层结构制备工艺流程示意图

由于碳纤维增强复合材料Y形夹层结构制备工艺相关的文献较少,下面将对制备工艺中的部分细节进行详细的介绍。如图2-7所示,在形成上下面板的过程中,Y形芯子的末端嵌入面板的中间层。以上面板为例,在Y形芯子法兰末端的上面是铺层顺序为[0°/90°/0°/90°]的碳纤维/环氧预浸料,在Y形芯子法兰末端的下面是铺层顺序为[90°/0°/90°/0°]的碳纤维/环氧预浸料,当Y形夹层结构加热固化后,由于在形成面板的过程中施加较大的压力,碳纤维/环氧预浸料中的环氧树脂发生流动,将Y形芯子法兰末端嵌入上面板的中间层,且紧密结合在一起。下面板的形成过程与上面板相似。复合材料Y形夹层结构的下面板与Y形芯子竖直部连接处的形成过程如图2-8所示,即将Y形芯子的竖直部向两边平铺置于铺层顺

序为[0°/90°/0°/90°]的4层预浸料和铺层顺序为[90°/0°/90°/0°]的4层预浸料的中间,从而实现将Y形芯子竖直部末端嵌入下面板中间层,且下面板和Y形芯子竖直部的铺层顺序均为[0°/90°/0°/90°]$_s$。所以,脱模之后得到的碳纤维增强复合材料Y形夹层结构,其Y形芯子末端嵌入夹层结构的上下面板中,且上下面板的铺层顺序为[0°/90°/0°/90°]$_s$。将Y形芯子末端嵌入复合材料Y形夹层结构上下面板后,需要使芯子末端平整地铺在上下面板中间。然后在加热固化成型前在上下面板施加压力,避免在插入芯子末端的上下面板处留下大量孔隙,从而影响复合材料夹层结构的力学性能。采用上述模具热压一体化成型工艺制备得到的复合材料Y形夹层结构如图2-9所示。

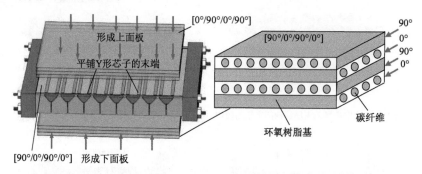

图2-7　复合材料Y形夹层结构上下面板的形成及铺层顺序[0°/90°/0°/90°]$_s$示意图

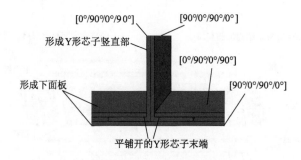

图2-8　复合材料Y形芯子竖直部末端平铺嵌入下面板中间示意图

图2-9　模具热压一体化成型工艺制备得到的复合材料Y形夹层结构

2.3 点阵夹层结构制备工艺

在介绍具体的制备工艺之前,首先对点阵夹层结构的几个特征进行介绍。此处选取一个点阵夹层结构的单胞进行说明,单胞的几何特征如图2-10所示。

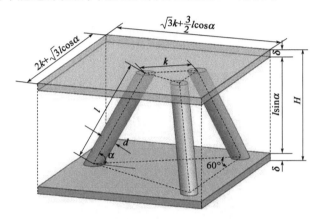

图2-10 点阵单胞几何特征示意图

点阵杆件体积与单胞体积之比定义的为芯材的相对密度通过单胞的几何特征由式(2-2)给出[24]:

$$\bar{\rho} = \frac{3\pi d^2}{8\sqrt{3}\,k^2\sin\alpha + 6\sqrt{3}\,l^2\cos^2\alpha\sin\alpha + 24kl\cos\alpha\sin\alpha} \tag{2-2}$$

采用芯子和面板一体成型的方法能有效提高面板与芯材界面的粘接强度,本节中所有碳纤维增强复合材料点阵夹层结构均采用模具热压一体化成型工艺制备得到。制备工艺流程如图2-11所示,碳纤维复合材料点阵夹层结构制备使用的模具如图2-12所示。

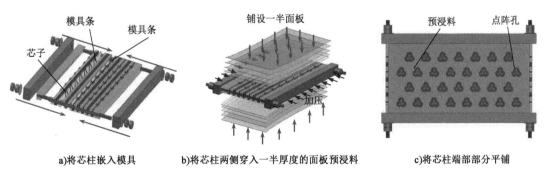

a)将芯柱嵌入模具　　　　b)将芯柱两侧穿入一半厚度的面板预浸料　　　　c)将芯柱端部部分平铺

图　2-11

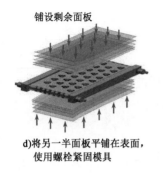

铺设剩余面板

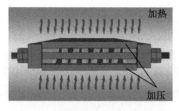

加热

加压

移除模具

夹层结构

d)将另一半面板平铺在表面，
使用螺栓紧固模具

e)加热加压使之固化

f)冷却脱模

图2-11　复合材料点阵夹层结构制备工艺流程示意图

图2-12　采用热压一体化成型工艺制备点阵夹层结构的模具

具体的制备工艺如下：

首先，在制备之前，为了在点阵夹层结构固化成型后便于拆除模具，并且保证试件表面的光滑平整，须将模具表面清理干净，并在模具表面均匀涂上脱模剂。接着，将事先使用碳纤维预浸料卷制成的纤维柱嵌入模具，在这个过程中将模具组装完整。然后，将碳纤维柱分别穿入由5层碳纤维预浸料组成的一半厚度的面板中，并将面板贴合在模具的上下表面，将长度超出模具的碳纤维柱端部沿轴向切分后平铺。随后，将另外5层碳纤维预浸料组成的一半厚度的面板平铺在之前已经贴合在模具上的5层碳纤维预浸料表面，将长度超出模具碳纤维柱端的部分夹在上下面板中间，固化后的碳纤维柱两端将被镶嵌在面板中间，会强化芯子杆件和面板的节点处的力学性能。在上下面板之上覆盖厚钢板，使用螺栓将模具夹紧，加热、加压使之固化。固化完成后，待模具自然冷却至室温后取出，将模具拆下，除去溢出的环氧树脂和试件表面的脱模剂即可。通过模具热压一体化成型工艺制备得到的碳纤维复合材料点阵夹层结构如图2-13所示。

图2-13 碳纤维复合材料点阵夹层结构

2.4 双箭头拉胀夹层结构制备工艺

本节中制备多层级复合材料双箭头拉胀夹层结构及聚氨酯泡沫填充拉胀夹层结构,这些试样具有相同的单胞形式。实验用复合材料双箭头拉胀夹层结构单胞示意图如图2-14所示,正弦曲线ABD和ACD的几何表达式为:

$$z_{ABD} = 4.87 \sin\left(\frac{2\pi}{30.6} x + \frac{\pi}{2}\right) + 4.87 \tag{2-3}$$

$$z_{ACD} = 1.3 \sin\left(\frac{2\pi}{30.6} x + \frac{\pi}{2}\right) + 1.3 \tag{2-4}$$

对于式(2-3),第一个参数4.87表示正弦曲线的幅值;第二个参数$\frac{2\pi}{30.6}$表示正弦曲线的角速度,其中30.6表示正弦曲线的周期;第三个参数$\frac{\pi}{2}$表示正弦曲线的初始相位;第四个参数4.87表示正弦曲线的偏移量。对于式(2-4),角速度和初始相位与式(2-3)相同,幅值和偏移量为1.3。本节的双箭头拉胀夹层结构形式,以及式(2-3)和式(2-4)中的参数借鉴了文献[25-26]。

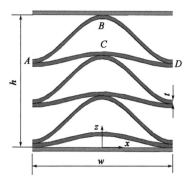

图2-14 复合材料双箭头拉胀夹层结构单胞示意图

相对密度定义为双箭头拉胀夹层结构芯子的体积与单胞的体积之比,即:

$$\bar{\rho} = \frac{6 \times \int_{-15.3}^{15.3} n \times 0.1 \, \mathrm{d}x}{wh} = \frac{6 \times \int_{-15.3}^{15.3} n \times 0.1 \, \mathrm{d}x}{w \left[26.42 + 6 \times (n-4) \times 0.1 \right]} \qquad (n = 4, 8, 12) \quad (2\text{-}5)$$

式中：w——单胞宽度，mm；

h——拉胀芯子的总高度，mm；

n——预浸料铺层的数量。

对于铺层数量为4层、8层和12层的拉胀夹层结构，其单胞宽度 w 均为30.6mm，而拉胀芯子的高度 h 分别为26.42mm、28.82mm和31.22mm，厚度 t ($t = n \times 0.1$)mm、0.80mm和1.20mm。因此，由4层、8层和12层碳纤维/环氧树脂预浸料制备的拉胀夹层结构的相对密度分别为9.08%、16.66%和23.06%。

复合材料双箭头拉胀夹层结构采用单向碳纤维/环氧树脂预浸料制备，由4层、8层和12层碳纤维/环氧树脂预浸料制成的拉胀夹层结构，其铺层顺序分别为$[(0°/90°)]_s$、$[(0°/90°)_2]_s$和$[(0°/90°)_3]_s$。复合材料双箭头拉胀夹层结构的制备流程如图2-15所示。如图2-15a)所示，在正式开始制备之前，先将碳纤维预浸料按照需要的几何尺寸进行剪裁，并按上述堆叠角度铺设成预制件。其次，为了便于拆除模具，需要对模具表面进行清理并均匀涂抹脱模剂。接着，对预制件和模具等进行组装，组装完成后，对预制的波纹板进行固化，固化温度为125℃，固化时间为1.5h，如图2-15b)所示。接下来，将固化得到的波纹板和层压板分别进行切割获得拉胀芯子的组件和上下面板，如图2-15c)所示。

拉胀芯子的长度和宽度为153mm，面板的长度和宽度均为213mm，因而在侵彻实验中靶板抵抗弹体冲击的面积为(153 × 153)mm²，接着需要用砂纸和砂光机等工具对获得的拉胀芯子组件和面板进行纤维毛刺的打磨和清洁。如图2-15d)所示，需要对拉胀芯子和上下面板进行定位，然后使用环氧树脂胶粘剂将拉胀芯子和面板黏结成一个整体，然后对其进行固化，如图2-15e)所示。在粘接和二次固化的步骤中，尽量避免组件之间发生相对滑动导致的错位。最后将其冷却至室温，得到最终的试样，图2-15f)所示。

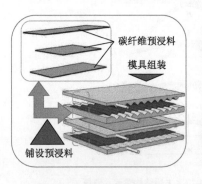
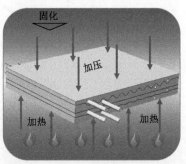

a)铺设碳纤维预浸料并组装模具　　　　b)加热固化形成波纹板及上下面板

图　2-15

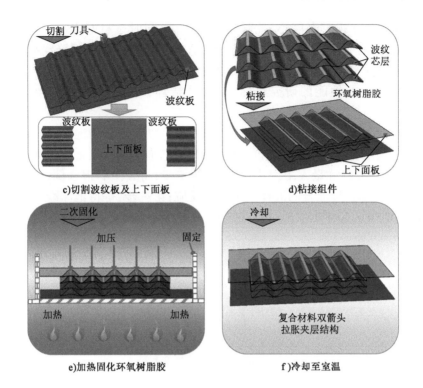

c)切割波纹板及上下面板

d)粘接组件

e)加热固化环氧树脂胶

f)冷却至室温

图2-15 复合材料双箭头拉胀夹层结构制备流程图

多层级复合材料双箭头拉胀夹层结构试样的制备过程与前述制备工艺类似,进行了铺层顺序为$[(0°/90°)_2]_s$的实验试样(相对密度为17.44%)的制备。多层级复合材料双箭头拉胀夹层结构试件如图2-16所示,其芯子高度(H)为58.5mm,上下面板的长度(L)和宽度(B)为153mm。复合材料双箭头拉胀夹层结构及泡沫填充双箭头拉胀夹层结构含有3个层级芯层,多层级复合材料双箭头拉胀夹层结构含有6个层级(约定与上面板连接的为第一层级,与下面板连接的为第六层级),这3种试样的每一级芯层均含有5个胞元。

单胞

图2-16 多层级复合材料双箭头拉胀夹层结构试件

聚氨酯泡沫具有相对密度小、比强度高的优点,同时聚氨酯泡沫的可扩展性很高,设计灵活性很强,可根据需要发挥保温隔热、防水、吸能缓冲、减震降噪等功能,并且可利用其轻质性降低整体重量。利用聚氨酯泡沫吸能和轻质的特点,基于提高复合材料拉胀夹层结构抗侵彻性能的研究目标,设计并制备了填充泡沫的复合材料拉胀夹层结构。

聚氨酯泡沫采用搅拌发泡的工艺进行制备,图2-17为聚氨酯泡沫的发泡剂A、B料组合,A料为异氰酸酯,B料为含添加剂的聚醚。聚氨酯泡沫块的制备步骤如下:第一步,按照质量比1:1分别准确称量A、B发泡剂原料;第二步,将A、B料混合倒入量杯中,借助电动搅拌器快速搅拌均匀,混合的液体产生放热反应;第三步,等待泡沫冷却成型;第四步,将制备完成的泡沫从量杯中取出,把泡沫切成尺寸为43mm × 43mm × 31mm的泡沫块。

图2-17 聚氨酯泡沫的发泡剂A、B试剂原料

在复合材料双箭头拉胀夹层结构芯子内进行聚氨酯泡沫填充,制备泡沫填充拉胀夹层结构。泡沫填充拉胀夹层结构的制备步骤如下:首先制备复合材料双箭头拉胀夹层结构,然后配置A、B料混合液,接着将混合液倒入三侧封闭的复合材料拉胀结构内,把未封闭的拉胀夹层结构一侧朝上放置,泡沫将结构填充完毕,并冷却24h等待泡沫成型;最后,需要将膨胀过多的泡沫剔除。发泡填充成型后的聚氨酯泡沫平均密度为145kg/m³。

2.5 内凹蜂窝夹层结构制备工艺

通过折叠传统六边形蜂窝夹层单胞相对的四边即能得到内凹蜂窝夹层单胞,如图2-18a)所示。传统的正六边形蜂窝夹层单胞具有很好的面内以及面外刚度,在受到压缩载荷时能够保持很好的载荷抵抗能力,但这也意味着其较差的能量吸收能力。在此基础上,为了提高芯子的能量吸收能力,本文提出了具有负泊松比效应的内凹蜂窝夹层单胞。单胞的相对密度可由式(2-6)[27]计算得到:

$$\bar{\rho} = \frac{\dfrac{2t}{h}\left(\dfrac{b\sin\theta}{h}+1\right)}{\dfrac{2b\sin\theta}{h}-\cos\theta} \tag{2-6}$$

式中：t——单胞的壁厚，mm；

  b——平台的长度，mm；

  θ——水平杆与斜杆夹角；

  h——单胞的高度，mm。

复合材料负泊松比内凹蜂窝夹层结构试样的示意图如图2-18b)所示，单个试样包含两块面板与6层芯层。其中，与面板相接的内凹蜂窝芯层采用面板与芯子一体的成型方式，中间芯层单独制备成型，最终通过使用环氧树脂胶粘接工艺进行二次成型制备得到复合材料内凹蜂窝夹层结构。本节中碳纤维复合材料负泊松比内凹蜂窝夹层结构采用模具热压成型方式制备。碳纤维内凹蜂窝夹层结构的制备流程主要可以分为图2-19中3个阶段：①首先将预浸料剪成一定大小的小条，按照设定的铺层顺序粘贴预浸料。将粘贴完成的预浸料小条组装进内凹蜂窝芯层成型的模具中，组装夹紧模具并置于一定温度和压力的环境中保温一段时间，使环氧树脂充分流动。接着，将其置于高温高压环境中保温2h固化成型。待模具冷却后，拆卸模具得到初步的复合材料内凹蜂窝芯层，如图2-19a)所示。②第一阶段制备的最初芯层尺寸较试样最终尺寸预留一定大小，按照试样的尺寸，使用雕刻机按照图2-19b)所示切割线对内凹蜂窝结构芯层进行准确的切割。在雕刻机切割过程中采用水冷的方式，这样既能降低刀具的温度，也能尽量减少刀具高速旋转造成试样缺陷。切割多余部分后，用砂纸对粗糙表面进行打磨。③由于多层级结构的制备难度，二次成型方法被用来制备多芯层内凹蜂窝夹层结构，如图2-19c)所示。使用模具热压法和粘接技术制备的内凹蜂窝夹层结构试样实物如图2-20所示。

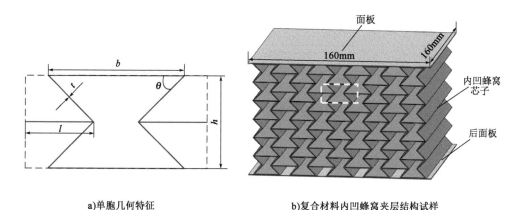

a)单胞几何特征   b)复合材料内凹蜂窝夹层结构试样

图2-18 复合材料内凹蜂窝夹层结构的几何特征

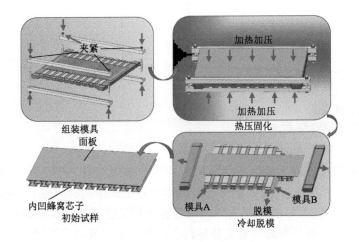

a)单一芯层制备

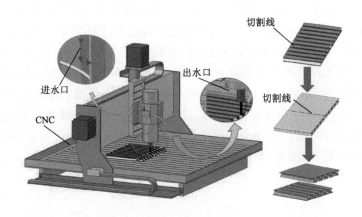

b)CNC精确切割加工芯层

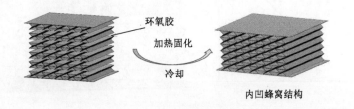

c)芯层粘接成型

图 2-19　复合材料内凹蜂窝夹层结构制备流程

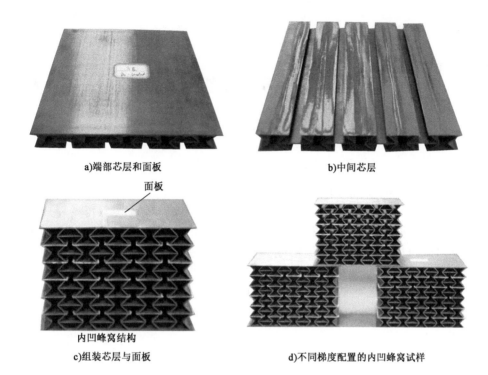

a)端部芯层和面板   b)中间芯层

c)组装芯层与面板   d)不同梯度配置的内凹蜂窝试样

图2-20 复合材料内凹蜂窝夹层结构试样实物图

2.6　本章小结

　　本章主要介绍了碳纤维复合材料 X 形夹层结构、Y 形夹层结构、点阵夹层结构、双箭头拉胀夹层结构和内凹蜂窝夹层结构的制备工艺,通过示意图详细描述了每一种复合材料夹层结构的制备流程,并对所研究的复合材料夹层结构的几何特征进行了说明。此外,补充了部分碳纤维复合材料夹层结构泡沫填充的试样制备方法,为制备碳纤维复合材料夹层结构提供了范例。

第3章

复合材料夹层结构动态压缩力学响应与失效机理

轻质复合材料夹层结构在实际应用中可能遭受高速碰撞、砰击和爆炸冲击等动态载荷,因此研究人员[28-29]更加关注复合材料夹层结构的动态力学行为,以确保结构的可靠性和安全性。已有研究表明,低密度和刚度的夹层结构可以减少传递至背面板上的冲击脉冲,起到保护夹层结构的作用。夹层动态压缩是夹层结构在冲击载荷作用下的重要动态变形阶段。本节将研究 CFRP X 形夹层结构在高应变率动态压缩下的力学行为,评估和分析在高应变率加载下夹层结构的力学性能、能量吸收能力和抗冲击响应。

3.1 复合材料夹层结构动态压缩实验

3.1.1 X形夹层结构动态压缩实验方法

夹层结构的动态强化效应是影响其能量吸收能力的重要因素,强化效应受结构惯性效应和材料应变率效应的同时作用。目前,单独考虑其中某一因素影响效果的实验较少,尤其是对消除惯性效应后的纤维增强聚合物夹层结构的动态压缩性能的报道很少。霍普金森杆实验技术可以消除测试材料的惯性效应,从而单独考虑其应变率效应,因此是研究夹层结构应变率效应的重要实验手段。该类实验研究的难点在于脆性复合材料失效应变小,难以达到动态平衡来消除惯性效应,而夹层结构更低的阻抗和失效强度使得这个问题更加棘手。本节将使用分离式霍普金森压杆(SHPB)实验装置,配合脉冲整形器,对 CFRP X 形夹层结构单胞的动态压缩性能进行测试。

本节对 CFRP 层合板和 CFRP 夹层结构都开展了动态压缩实验测试。动态实验采用的是霍普金森压杆装置,因此,需要对试样尺寸和夹具进行设计,以匹配杆状实验装置的尺寸。CFRP 层合板具有各向异性的力学性能,其中面内动态压缩性能对 X 形夹层结构的性能影响最为显著。本节使用模具热压工艺制备的层合板试样如图 3-1c)所示,试样为哑铃形状,长度为 52.20mm,中间平行测试段的宽度为 3.20mm,平均厚度为 1.66mm,铺层顺序为 $[(0°/90°)_5]_8$。为了固定 CFRP 层合板试样,设计使用了图 3-1a)、b)中的钢制夹具。夹具主要由3部分组成,图3-1b)中的一对夹具用于固定哑铃状试样端部,层合板端部被插入夹具槽口中,并使用螺栓夹紧。图3-1a)中的金属套筒和套筒内一对聚氨酯圆环状滑块用于连接和固定试样。图3-1b)中夹具两端圆柱体直径与霍普金森压杆直径相同,外部套筒和试样端部夹具之间用圆环状的聚氨酯滑块连接,使试样与霍普金森杆件端面对齐。

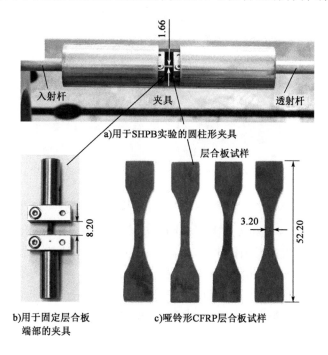

a)用于SHPB实验的圆柱形夹具

b)用于固定层合板端部的夹具

c)哑铃形CFRP层合板试样

图3-1　CFRP层合板SHPB实验测试装置与试样(尺寸单位:mm)

　　霍普金森杆实验需要保证一维平面波假设,压杆的单杆长度为直径的数十倍,受实验装置直径限制,测试中使用了包含单个X形夹层单胞的试样,制备的CFRP X形夹层单胞如图3-2所示。使用霍普金森杆实验技术测试多胞材料如蜂窝夹层结构、泡沫夹层结构等时,一般要求试样加载面大小达到5~10倍单胞长度,才能获得多胞材料的等效动态力学性能。但与蜂窝夹层结构、泡沫夹层结构和负泊松比夹层结构相比,压缩变形下的X形夹层单胞间没有横向的相互作用,且由于CFRP X形夹层结构失效应变小,实验中主要关注结构小变形范围内的力学响应,因此单个单胞的X形夹层压缩应依然具有代表性,本节实验类似研究人员对波纹和单层点阵单胞开展的SHPB实验测试。夹层腹板和面板仍为正交对称铺层,在单胞面板的边缘增加了3.0mm的长度,该改动是为了避免面-芯节点过于靠近边缘,影响结构性能。单胞试样铺层层数$n=12$,相对密度$\bar{\rho}$为10.3%。夹层厚度h为26.4mm,夹层腹板厚度t_c为1.06mm,宽度w为25.0mm,深度c为27.0mm。填充了PU泡沫的夹层单胞如图3-2c)所示,泡沫的平均密度为172.8kg/m³。未填充和填充的X形夹层试样分别制备了20个用于实验。

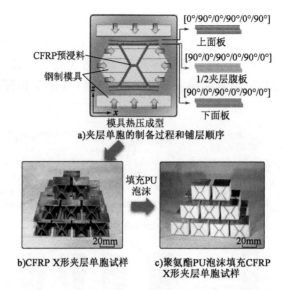

图3-2　用于SHPB实验测试的X形夹层单胞试样及其铺层顺序

用于测试CFRP层合板和X形夹层单胞高应变率压缩力学性能的SHPB装置示意图如图3-3所示。该实验装置主要由撞击杆、入射杆、透射杆和最尾端的吸收杆组成,试样置于入射杆和透射杆之间。撞击杆由轻气炮驱动发射,通过撞击入射杆前端产生向后端传播的一维纵波。在入射杆和透射杆上贴有动态应变片,配合动态应变仪和示波器采集杆上的应变信号。实验中使用了高速摄像机(型号为Photron FASTCAM SA-Z)记录CFRP X形夹层单胞的动态失效过程。

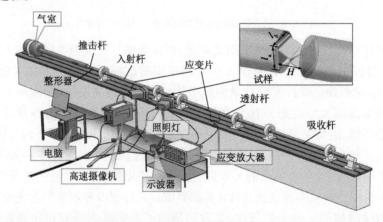

图3-3　测试CFRP层合板和X形夹层单胞高应变率压缩力学性能的SHPB装置示意图

本节测试CFRP层合板和X形夹层试样时分别使用了不同尺寸和材质的霍普金森杆。在测试CFRP层合板时,使用的钢制撞击杆、入射杆和透射杆的直径均为12.9mm,撞击杆的长度为400.0mm,入射杆和透射杆的长度均为1800.0mm。在测试阻抗更低的碳纤维复合材料夹层结构时,为增加透射杆信号,使用阻抗较低的铝制撞击杆、入射杆和透射杆。铝制撞击杆、入射杆和透射杆的直径 D 为 40.0mm。铝制撞击杆的长度仍为 400.0mm，入射杆和透射杆的长度均为 1800.0mm。此外，在透射杆上使用了灵敏系数为 110 的半导体应变片，而入射杆上使用的是常规金属应变片。示波器的采集频率为 1.0MHz，高速摄像机的拍摄频率为 80kHz。测试时，利用不同的气压压强控制撞击杆的初始速度，进而产生不同强度的入射波。撞击杆直接撞击入射杆会产生上升段陡峭的矩形波，不利于复合材料及其夹层结构实现动态应力平衡。因此，本实验采用橡胶脉冲整形器产生梯形入射脉冲，橡胶整形片安装在入射杆前端。实验测试的材料应变率 $\dot\varepsilon$ 范围为 300~600s^{-1}。

使用"三波法"处理应变片采集的入射波 $\varepsilon_i(t)$，反射波 $\varepsilon_r(t)$ 和透射波 $\varepsilon_t(t)$，试样的平均动态应变 $\varepsilon(t)$ 和应变率 $\dot\varepsilon(t)$ 分别按下式计算：

$$\varepsilon(t) = \frac{c_b}{H}\int_0^t \left[\varepsilon_i(t) - \varepsilon_r(t) - \varepsilon_t(t)\right]\mathrm{d}t \tag{3-1}$$

$$\dot\varepsilon(t) = \frac{c_b}{H}\left[\varepsilon_i(t) - \varepsilon_r(t) - \varepsilon_t(t)\right] \tag{3-2}$$

式中：c_b——入射杆和透射杆的弹性波波速，$c_b = \sqrt{E_b/\rho_b}$；

　　　E_b——杆的弹性模量，MPa；

　　　ρ_b——杆的密度，kg/m^3。

试样的平均动态应力 $\sigma(t)$ 为：

$$\sigma(t) = \frac{A_b E_b}{2A_0}\left[\varepsilon_i(t) + \varepsilon_r(t) + \varepsilon_t(t)\right] \tag{3-3}$$

式中：A_b、A_0——杆和试样的截面面积，mm^2。

在 SHPB 实验中，试样达到恒定应变率和动态应力平衡是实验有效的两个重要衡量标准。当满足动态应力平衡时，试样前端压力 F_1 和后端压力 F_2 应该达到近似相等。试样前端压力 F_1 由式(3-4)计算：

$$F_1(t) = A_b E_b\left[\varepsilon_i(t) + \varepsilon_r(t)\right] \tag{3-4}$$

后端压力通过透射波计算：

$$F_2(t) = A_b E_b \varepsilon_t(t) \tag{3-5}$$

CFRP 夹层结构为失效应变极小的脆性材料，因此试样的动态应力平衡状态非常难以实现。为了有效地评估试样是否达到了动态应力平衡状态，使用 Ravichandran 等提出的无量纲参数 R 判断，参数 R 计算公式如下：

$$R = \frac{|F_1 - F_2|}{(F_1 + F_2)/2} \tag{3-6}$$

该式计算了试样前后端面应力的相对误差，当应力相对误差 R 小于 0.1，可以认为试样达到了近似动态应力平衡状态。

3.1.2 X形夹层结构动态压缩实验结果分析

为了表征CFRP X形夹层结构不同应变率下的压缩力学性能,实验需要获得有效的单胞平均应力、应变和应变率。首先需要验证试样前后端面是否达到应力平衡状态($F_1 = F_2$)。与CFRP层合板的SHPB实验测试相比,夹层结构同样有极小的失效应变(<1.5%),且夹层试样强度极小(准静态强度为16MPa),试样尺寸更大,这些因素使得CFRP夹层结构达到动态应力平衡状态更加困难,本文对实验数据进行了筛选,剔除了没有达到应力平衡的实验结果。

图3-4为CFRP X形试样动态压缩实验获取的典型的入射波、反射波和透射波应变信号,以及计算获得的应变率变化曲线。可以看到,使用橡胶整形器后,入射波ε_i变为上升缓慢的梯形波,通过对比应变$\varepsilon_i + \varepsilon_r$和$\varepsilon_t$,可以发现其值在靠近峰值附近基本吻合,说明试样前端与后端的应力差别较小。

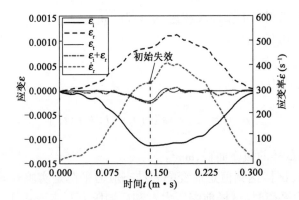

图3-4　CFRP X形夹层单胞的入射、反射和透射应变信号和应变率变化($\dot{\varepsilon}$=322.7s^{-1})

为了研究X形夹层结构和层合板动态压缩力学响应差异,通过层合板SHPB实验采集了入射杆和透射杆上的应变时程信号,随后,需要应用式(3-3)和式(3-4)分析试样的动态应力平衡状态,由式(3-2)计算其应变率-时间曲线,剔除没有达到应力平衡状态的实验结果,获得有效的不同应变率下CFRP层合板的压缩强度。图3-5给出了一组实验采集的CFRP层合板试样入射、反射和透射应变信号,通过计算得到的应变率变化曲线在图中用虚线给出。由式(3-5)和式(3-6)可知,在试样前后端截面形状相同时,前后端面的应力平衡可以通过对比应变信号$\varepsilon_i + \varepsilon_r$和$\varepsilon_t$来判断。可以看到,$\varepsilon_i + \varepsilon_r$与$\varepsilon_t$吻合较好(图3-5),由式(3-6)计算的前后端面应力相对误差R在应力达到峰值附近时不超过4.0%,说明该试样近似达到了应力平衡状态,验证实验结果有效。试样能否达到恒定应变率是SHPB实验是否准确的另一个关键问题,可以看到试样的平均应变率(图3-4)在加载开始后不断上升,在接近应力峰值时也短暂地达到了一个平台,随后由于试样断裂失效而迅速下降。CFRP为失效应变极小的脆性材料,因此难以维持较长的恒定应变率状态,本实验取试样达到应力峰值时的应变率作为材料测试应变率$\dot{\varepsilon}$。

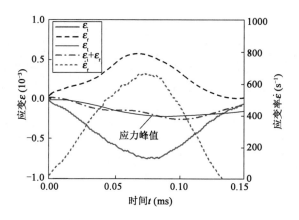

图3-5　CFRP层合板动态压缩实验典型入射波、反射波和透射波应变-时间信号和应变率-时间信号($\dot{\varepsilon} = 625s^{-1}$)

　　按照上述的数据处理方法获得不同应变率下的CFRP层合板压缩应力-应变曲线,如图3-6a)所示。可以看到相比于准静态实验结果,层合板的动态压缩强度都增强了1倍以上,说明CFRP材料的压缩性能有明显的应变率增强效应。

　　需要指出的是,本节CFRP动态压缩实验中使用了金属套筒夹具,因此通过式(3-1)计算获得的试样平均应变是不精确的。CFRP层合板不同应变率下的压缩强度如图3-6b)所示,其中参考文献[33]的实验结果,补充了应变率处于100~150s^{-1}范围的结果,该参考文献中使用的碳纤维种类与本节相同,树脂体积分数差别亦小于5%。根据实验结果,非线性拟合曲线[图3-6b)]和方程[式(3-7)]的系数参数a和k_r分别取415.4和1.109。

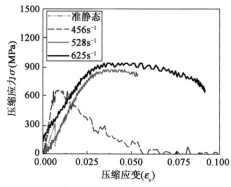

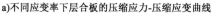

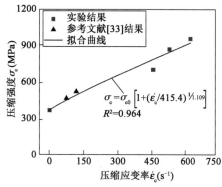

a)不同应变率下层合板的压缩应力-压缩应变曲线

b)不同压缩应变率下层合板的压缩强度和拟合曲线,方程及其含义见式(3-7)

图3-6　应变率对CFRP层合板压缩性能的影响

　　由高速相机拍摄的CFRP X形夹层单胞(X-SD)和PU泡沫填充X形夹层单胞(XF-SD)的应变率约为440s^{-1},动态压缩过程如图3-7所示。从图3-7中可以看到,夹层单胞在动态压缩作用下的失效模式主要为腹板端部的断裂,且填充泡沫对结构动态压缩初始失效模式没有影响。

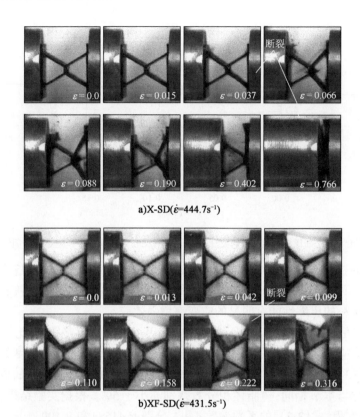

a)X-SD($\dot{\varepsilon}$=444.7s⁻¹)

b)XF-SD($\dot{\varepsilon}$=431.5s⁻¹)

图3-7　CFRP X形夹层单胞(X-SD)及PU泡沫填充夹层单胞(XF-SD)的动态压缩变形过程

在一端的夹层腹板失效后，未填充夹层单胞完全丧失了承载能力，而填充泡沫的夹层单胞则主要由泡沫承受压力。动态加载下，泡沫来不及重新分配应力，因此可以看到失效的半侧单胞已经压至致密化，而下半单胞还保持完好。

从动态压缩后CFRP X形夹层单胞和泡沫填充X形夹层单胞破坏模式(图3-8)可以观察到，CFRP腹板上出现了纤维/基体断裂和分层，而且空心夹层结构在中央平台处断裂为两半，这是由于半侧单胞失效后，入射杆直接撞击小平台造成的；而对于泡沫填充夹层，可以看到在应变率为320s⁻¹时，试样没有断裂为两部分，基本保持了一个整体，这说明填充泡沫在一定程度上保持了夹层结构的完整性。多孔泡沫塑性变形吸能能力强，正好可以与脆性失效后即丧失承载能力的脆性CFRP夹层形成互补，由CFRP夹层提供弹性强度和刚度，由泡沫填充物提高压碎能量吸收能力。

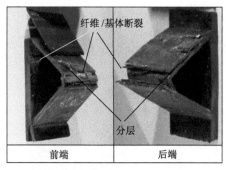

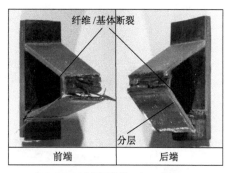

a)CFRP X形夹层单胞，$\dot{\varepsilon}$=322.7s^{-1}　　　　　　b)CFRP X形夹层单胞，$\dot{\varepsilon}$=490.7s^{-1}

c)泡沫填充X形夹层单胞$\dot{\varepsilon}$=321.7s^{-1}　　　　　d)泡沫填充X形夹层单胞$\dot{\varepsilon}$=431.5s^{-1}

图3-8　动态压缩后试样失效模式

3.2　复合材料夹层结构动态压缩仿真

3.2.1　X形夹层结构动态压缩数值模型

为进一步了解CFRP X形夹层结构在动态压缩载荷下的应力波传播规律和失效机理,本小节对X形夹层单胞动态压缩响应开展了有限元仿真。有限元模型如图3-9a)所示,按照实验设备和试样实际尺寸建模,模型进行了部分简化处理,以提高计算效率。仿真模型包含入射杆、透射杆和X形夹层单胞。

杆的长度L_s和直径D分别为1800.0mm和40.0mm。在入射杆撞击端直接施加应力-时间载荷进行加载,施加的应力载荷为实验中采集的应力波,这种加载方式可以提高计算效率,并且使仿真工况与实验条件更加接近,便于两者结果的对比与分析。入射杆和透射杆使用C3D8R单元离散,其轴向单元长度为10.0mm。CFRP X形单胞在面-芯节点位置和中央节点位置的网格如图3-9b)所示,夹层的CFRP构件和面板均使用C3D8R单元建模,在夹层构件的中间位置和面板中间均设置了一条连续的粘接薄层(Cohesive Seam),其厚度仅为0.02mm,用于模拟单胞内的分层开裂失效。在节点位置网格在纵向的平均长度为0.25mm。在最容易出现分层裂纹的腹板中间设置了粘接单元来模拟夹层的分层开裂失效,是因为一方面,压缩波反射后形成的拉伸波易在面-芯界面间造成分层;另一方面,倾斜的夹层腹板在压缩至大变形阶段后,不可避免地会出现分层开裂。

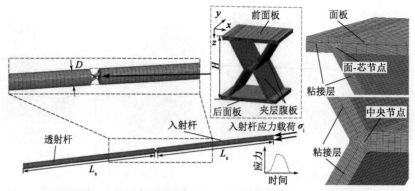

a)X形夹层单胞和SHPB压杆网格划分情况　　　b)X形夹层面-芯节点和中央节点局部网格

图3-9　X形夹层动态冲击有限元模型

由于夹层构件主要承受面内载荷,因此在动态压缩仿真中夹层构件的失效判断使用二维Hashin失效准则,而粘接层使用用于模拟层间失效的Yeh分层失效准则。复合材料的损伤退化模型仍使用唯象模型,高应变率下复合材料退化系数$w_i(i = 1,2,\cdots,6)$。填充的PU泡沫的平均密度为172.8kg/m³,由压缩实验测得的准静态平均压缩模量E_{fm}为33.5MPa,屈服强度σ_{fm}为1.8MPa。泡沫材料的失效模拟使用Deshpande等[30]提出的可压碎泡沫失效模型。

CFRP材料与填充使用的PU泡沫均为应变率敏感材料,其中CFRP材料的应变率效应还具有明显的各向异性。许多研究表明,应变率对CFRP材料的剪切力学性能没有显著的影响[31-32],而压缩性能受应变率影响最为明显。一些实验表明,增大应变率对CFRP材料压缩性能的影响主要为提高其断裂应变,而对压缩模量没有显著增强,因此本书主要考虑应变率对CFRP材料压缩强度的增强作用,材料压缩强度σ_c和应变率$\dot{\varepsilon}$的关系可以按照式(3-7)[33]给出:

$$\sigma_c = \sigma_{c0}\left[1 + (\dot{\varepsilon}/a)^{1/k_r}\right] \tag{3-7}$$

式中:σ_{c0}——材料准静态压缩强度,MPa;

a、k_r——系数参数,将根据材料SHPB实验结果拟合获得。

对于动态压缩载荷作用下的泡沫材料而言,应变率对材料吸能的主要影响是提高了其屈服应力和平台应力,已有研究表明[34],聚氨酯泡沫屈服应力σ_{fm}与应变率$\dot{\varepsilon}$的关系可以通过式(3-8)表示:

$$\sigma_{fm} = \sigma_{fm0}\left(1 + A\lg\frac{\dot{\varepsilon}}{\dot{\varepsilon}_0}\right) \tag{3-8}$$

式中:σ_{fm0}——准静态的泡沫压缩屈服应力,MPa;

A、$\dot{\varepsilon}_0$——系数参数,通过实验数据确定,A和$\dot{\varepsilon}_0$取0.083和1.7×10^{-3}。

3.2.2　X形夹层结构动态压缩仿真结果分析

通过有限元仿真获得的X形夹层结构(X-SD)及其泡沫填充结构(XF-SD)SHPB入射杆和透射杆上的应力波时程曲线,如图3-10a)、b)所示,图中结果对应的实验应变率分别为490.7s⁻¹(X-SD-5)和471.5s⁻¹(XF-SD-4)。由于采用直接施加应力波的加载方式,可以观察到仿真和实验的入射波σ_i相同,仿真获得反射波σ_r和透射波σ_t与实验结果的吻合程度也较高,透射波的上升阶段基本重合,最大的区别在于实验透射波的峰值低于有限元仿真的峰值。

在动态应力平衡状态下,透射波的峰值(图3-10)代表了试样的强度,因此,这一差别主要是实验试样的强度低于有限元仿真强度造成的。由仿真结果中提取的试样前端面和后端面的接触应力σ_1和σ_2随时间变化而变化的规律如图3-10c)、d)所示,可以更加直观地反映试样的宏观动态平衡状态。可以看到,两条曲线变化趋势相同且基本重合,上升阶段最大相对误差均在8%之内,表明结构处于动态应力平衡状态。仿真获得的应变率时程曲线$\dot{\varepsilon}$-t也与实验类似,应变率在应力接近峰值时趋于恒定,随后由于试样的脆性失效而陡然上升,恒定应变率保持时长较短。

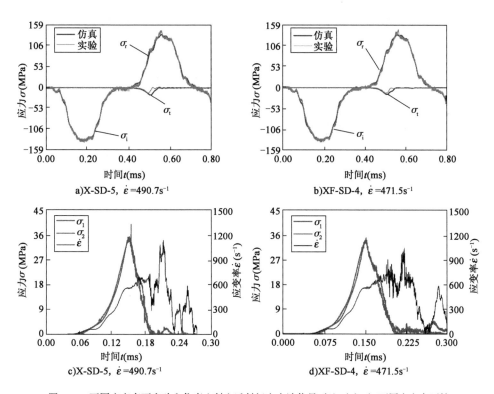

a)X-SD-5, $\dot{\varepsilon}$=490.7s⁻¹　　　　　　b)XF-SD-4, $\dot{\varepsilon}$=471.5s⁻¹

c)X-SD-5, $\dot{\varepsilon}$=490.7s⁻¹　　　　　　d)XF-SD-4, $\dot{\varepsilon}$=471.5s⁻¹

图3-10　不同应变率下实验和仿真入射和透射杆应力波信号对比:a)和b);不同应变率下结构前端面上的应力(σ_1)和后端面应力(σ_2)变化和结构应变率变化:c)和d)

夹层单胞典型实验和仿真动态压缩应力-应变曲线的对比如图3-11所示,可以看到,夹层单胞的动态强度有明显增加,实验和仿真中动态失效应变基本一致,但是仿真高估了动态压缩强度,这可能是由于实验中夹层试样端面不平齐导致夹层有一侧腹板会更多受力,降低了结构的承载能力。夹层单胞仿真动态压缩失效模式如图3-12所示,图中左侧S表示应力,S11表示 x 方向正应力,单位MPa,空心夹层单胞和泡沫增强夹层单胞的初始失效模式均为小变形范围内的腹板端部断裂,随着应变的增加,空心夹层结构中源自中央平台节点的构件分层迅速扩展,而泡沫填充夹层内多孔泡沫发生了压缩塑性变形。

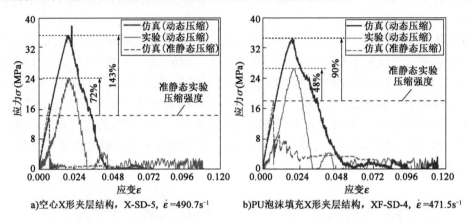

a)空心X形夹层结构,X-SD-5, $\dot{\varepsilon}$ =490.7s⁻¹   b)PU泡沫填充X形夹层结构,XF-SD-4, $\dot{\varepsilon}$ =471.5s⁻¹

图3-11 夹层单胞典型的实验和仿真动态压缩应力-应变曲线对比

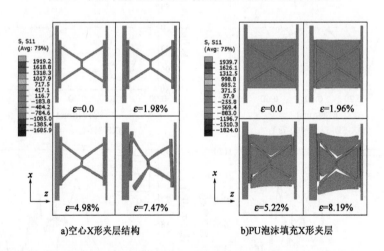

a)空心X形夹层结构   b)PU泡沫填充X形夹层

图3-12 夹层单胞仿真动态压缩失效模式

夹层结构虽然满足宏观动态应力平衡,而实际上由于X形夹层内的质量和刚度分布不均匀,夹层内应力和应变率的实际分布也不均匀。图3-13a)显示了达到不同应变时单胞构件纤维轴向的应变率场(SR11)。可以发现,随着单胞宏观应变增加(从0.24%至1.40%),单胞宏观应变率随之增加。在变形初期,构件内部应变率分布不均且没有规律,随着应变增大,试样内应变率SR11虽分布不均匀,但是明显在压缩应变较高的面-芯连接部位和中央平台节点部位SR11更高,出现鲜明的分布规律。该现象如图3-13b)所示,随着应变的增加,夹层腹板沿单胞z方向上的最大应变率SR11逐渐变为中心对称。因此,夹层结构在满足宏观动态应力平衡条件和恒定应变率状态时,结构内部的应变率场也并不均匀,其分布规律与夹层构型有关,各位置应变率大小与其应变大小成正比。

$\varepsilon=0.24\%$, $\dot{\varepsilon}=107.2\text{s}^{-1}$　$\varepsilon=0.63\%$, $\dot{\varepsilon}=267.5\text{s}^{-1}$　$\varepsilon=1.40\%$, $\dot{\varepsilon}=523.1\text{s}^{-1}$

a)沿单胞腹板纤维轴向应变率(SR11)分布

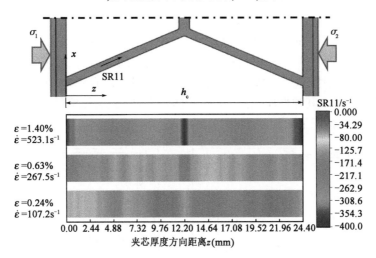

b)沿夹层结构的厚度方向应变率(SR11)分布

图3-13　不同压缩应变时X形夹层内部应变率分布

本节使用有限元方法研究CFRP X形夹层结构及其泡沫填充夹层结构在直接冲击载荷下的动态响应特性。在直接冲击载荷下,夹层性能不仅会受到材料应变率效应的影响,惯性效应对结构动态响应的影响随着加载速率的增加会逐渐占据主要地位。在实验研究中,通常使用图3-14中的Kolsky压杆实验装置来测试试样在初速度为v_0的撞击杆冲击下的动态力学性能。本节建立的Kolsky压杆有限元模型尺寸如图3-14所示,模拟了夹层铺层层数分别为$n=4$层(X4)和$n=12$层(X12)的X形夹层单胞及其泡沫填充结构(XF4和XF12)的动态压缩响应,单胞深度统一为27.0mm。在数值仿真中,以不同初速度v_0的撞击杆直接冲击CFRP夹层单胞,提取了作用在结构前后面板上的应力σ_1和σ_2。

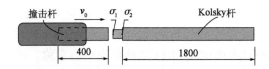

图 3-14　Kolsky 压杆有限元模型直接冲击压杆示意图(尺寸单位:mm)

　　在杆的直接冲击下,夹层结构会受到撞击杆的多次撞击,这使得结构前端面应力 σ_1 会出现陡峭的波动,且面板与撞击杆的反复脱离、接触过程也会使得提取的接触压力在时间上并不准确。为了更好地反映 CFRP X 形夹层的动态压缩响应特性,需要应力波在面板中传递的影响,本节参考 Tilbrook 等[35]方法,将上下面板设为刚体,上面板以恒定速度 v_0 运动压缩夹层单胞,计算预报了 X4、XF4、X12 和 XF12 共 4 种 X 形夹层单胞的动态压缩响应。试样的网格尺寸与前文中模拟 SHPB 实验的有限元模型保持一致,单胞下面板固定,仿真计算的加载速度 v_0 分别为 5m/s,10m/s,20m/s,35m/s 和 50m/s。

　　如图 3-15 所示为 X4 和 XF4 夹层结构在恒定压缩速度 v_0 = 20m/s 和 50m/s 下的前后端面应力,图中 t 和 H 分别表示冲击时间和夹层高度,可以看到试样失效前的前后端面应力没有剧烈波动,在速度较低时基本一致,说明基本达到了应力平衡状态;而在速度较快时,前后端面应力差较大,但是最大差距一般也在 1 倍以内。同时可以看到,未填充泡沫的 CFRP X 形夹层的压溃吸能约等于其弹性应变能,而填充泡沫后 XF4 夹层压溃吸能在 20m/s 压缩下增加了约 386%,在 50m/s 情况下增加了约 517%。

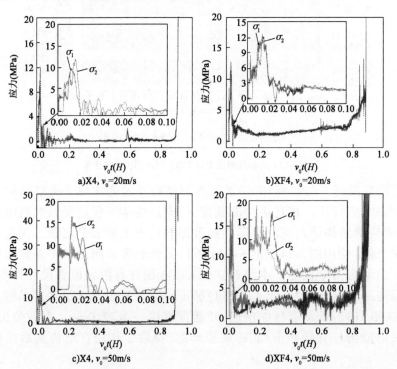

图 3-15　不同恒定压缩速度下的 CFRP X 形夹层和 PU 泡沫填充 X 形夹层前后端面应力变化

图3-16给出了空心X形夹层单胞X4和X12以及PU泡沫填充夹层单胞XF4和XF12在不同速度v_0动态压缩下的前后端面压缩应力与准静态强度之比σ/σ_0。可以发现,在恒定速度动态压缩载荷的作用下X形夹层结构的动态失效应力增加了2~5倍,大于材料应变率强化效应产生的增幅,相对密度越小的夹层单胞增加的幅度越大,因为加载速率越高,结构惯性效应的影响越大。同时,可以看到结构前后端的应力差别较小,在多数情况下,后端峰值应力甚至大于前端应力,这与传统金属夹层结构的动态响应有较为明显的区别,造成这种现象的主要原因是CFRP夹层结构的脆性失效特性。

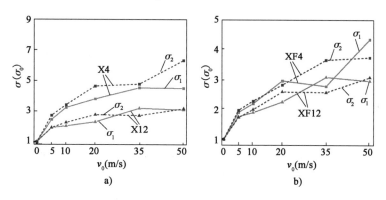

图3-16 不同速度v_0动态压缩载荷作用下空心X4和X12夹层单胞a)
和泡沫填充XF4和XF12夹层单胞b)的前后端面压缩应力比σ/σ_0

为了更好地说明这个现象,图3-17给出了X形夹层单胞在弹性响应阶段的前后端面应力变化。可以看出,在初始时刻前面板推动夹层立即产生了一个陡升的应力,该应力的幅值与面板的运动速度成正比,随后经过图中标识的时间τ,应力波到达背面板,后端面板应力开始上升。时间τ为弹性压缩应力波在夹层内部由一端传递至另一端所需的时间,若将夹层等效为均质结构,则$\tau = h_c/c_c$,c_c为等效夹层的应力波波速。压缩波由背面反射,在经过时间τ后,在B点抵达前面板,导致前端应力再次上升。同样地,每次由前端反射的应力波前抵达背面板时,后端应力再次陡升,如图3-17所示。因此,结构前后端面的应力交替上升,且由于一端固定、另一端以恒定速度运动,这种应力差距将一直存在,直至试样发生压缩失效。前后应力差(图3-17)总体较小,结构的惯性效应较小,结构强度的增强主要由于材料应变率强化效应。夹层结构一旦出现脆性破坏,内部传递的弹性波会快速衰减,如果夹层在靠近前端的位置破坏,导致前端面应力先行停止上升,而夹层后面板的响应会有滞后,这使得后端应力峰值略大于前端应力。在仿真计算中,多数X形夹层结构在靠近前端的位置失效,因此结构前端峰值应力大多小于后端峰值应力;而少数相反情况则正好对应了靠近背面板的结构失效模式。总体而言,CFRP X形夹层在恒定速度动态压缩下的前后端应力差距不大,填充泡沫对峰值应力的影响也十分有限。

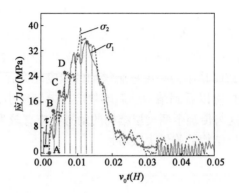

图 3-17 $v_0 = 10\text{m/s}$ 动态压缩下 X12 夹层单胞在弹性响应阶段的前后端面应力变化

3.3   本章小结

本章采用分离式霍普金森压杆实验技术测试了 CFRP X 形夹层在高应变率压缩下的动态压缩强度,研究了 CFRP X 形夹层结构的动态压缩失效行为。进行了实验和有限元仿真分析。通过安装整形器可以使 CFRP X 形夹层结构达到动态应力平衡状态,但实验和仿真中均表明脆性的 CFRP X 形夹层可维持恒定应变率的时间短。在较低速度动态压缩下,夹层单胞的压缩强度强化主要由材料应变率强化效应主导;而在高速动态压缩下,夹层结构的强化效应受结构惯性效应和材料应变率强化效应同时影响,相对密度越小的夹层压缩强度强化幅度越大。相比相似构型的金属夹层结构,脆性复合材料夹层在动态压缩下的前后端面应力差较小。

第4章 ◆◆◆◆ 复合材料夹层结构抗侵彻性能

复合材料夹层结构在现代中高速船舶等交通运输工具中得到了越来越多的应用,而在服役过程中,物体或碎片的高速碰撞可能会对结构造成局部或整体损坏,从而威胁船舶运行的可靠性和安全。纤维增强复合材料在高速碎片冲击下的破碎和穿透破坏过程涉及复杂的材料损伤和能量耗散机制。因此,研究复合材料夹层结构在弹道冲击下的破坏机理,提高结构的抗冲击性能,对安全生产具有重要意义。以往的研究[36-39]主要集中在具有泡沫或金属蜂窝夹层的杂交夹层结构的抗弹性能。本章通过弹体侵彻实验和数值模拟,研究CFRP X形夹层结构、Y形夹层结构和双箭头拉胀夹层结构的抗侵彻性能,分别分析其能量耗散能力和失效机理。

4.1 夹层结构侵彻实验

采用轻气炮实验系统分别测试复合材料 X 形夹层结构、Y 形夹层结构和双箭头拉胀夹层结构的抗侵彻性能,该实验系统主要由储气室、发射炮管、回收靶箱、高速摄像机、补光灯和计算机等组成。发射装置采用高压气体驱动,通过调整充气压力,获得不同的子弹发射速度。实验过程中,采用高速相机实时观测弹体飞行姿态,以及弹体入射、侵彻和穿透靶板的过程,获得撞击侵彻过程的直观图像资料。

4.1.1 X形夹层结构侵彻实验

侵彻实验靶板的尺寸需要根据实验设备条件进行设计,由于金属弹体硬度高、强度大,在高速冲击韧性较小的 CFRP 结构时,夹层主要发生局部穿透响应,夹层结构的整体动态响应只在低速冲击下较为明显。本实验使用的弹体直径 D 为 12.6mm、高度为 35.0mm。X形夹层单胞的宽度约为 24.9mm,如图 4-1 所示,当圆柱形弹体由中心位置垂直入射包含 3 个 X 形夹层的靶板时,主要穿透区域将为中间的单胞,穿透过程中弹体即使发生偏转,其剩余能量也仅能波及两侧单胞,因此含有 3 个单胞的试样有足够的代表性。夹层靶板的总长度 b 和宽度 c 分别为 130.0mm 和 110.0mm,厚度 H 为 27.4mm,面板两侧留有的额外长度用于试样的固定。

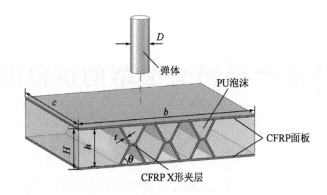

图4-1　圆柱形弹体与PU泡沫填充CFRP X形夹层结构示意图

　　用于测试CFRP X形夹层结构和层合板的弹体侵彻实验测试装置示意图如图4-2和图4-3所示。实验中,钢制圆柱形弹体使用轻气炮系统发射,弹体入射速度通过气室压力和气体做功距离控制,试样安装固定在钢制保护箱中,通过激光校准器使弹体瞄准夹层结构正中央,入射角与面板呈90°。防护箱的一侧为透明PVC板,高速相机和配套的照明系统置于该侧,由高速相机观测的弹体运动姿态和试样侵彻失效过程由电脑记录保存。高速相机主要对焦于弹体与靶板接触的前面板周围,高速相机的拍摄频率为60000FPS[1],由于试样厚度较小,实验时使用高速相机拍摄的图像测量计算弹体的入射和剩余速率。侵彻实验使用的钢制圆柱形弹体平均质量为34.3g,实验中初始入射速度范围为40~220m/s。

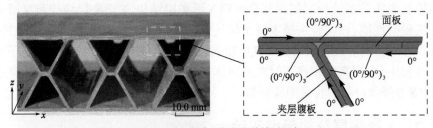

a)CFRP X形夹层靶板及其铺层顺序

b)PU泡沫填充CFRP X形夹层靶板

c)等面密度CFRP正交铺层层合板试样

图4-2　用于高速弹体侵彻实验的CFRP夹层结构试样

---

　　[1]　FPS—每秒帧数,是指图像领域中动画或视频的画面数。

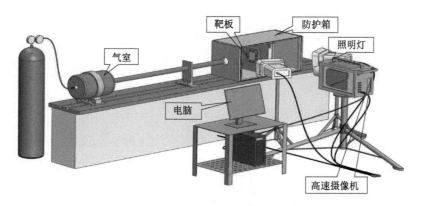

图4-3 轻气炮装置、防护箱和高速摄像机记录系统

夹层结构和层合板试样在保护箱中均通过如图4-4a)所示的钢制相框形夹板固定,相框形夹板靠近入射端较小,其中央方形开口的边长为80.0mm,与后端夹板中央开口尺寸、位置相同,但后夹板更大,用于连接试样和保护箱。试样置于前后两块夹板之间,用M8螺栓紧固。为了保护CFRP夹层试样在紧固过程中不受损伤,同时避免试样的滑移,设计了如图4-4b)所示的两对钢制夹块,其中一对夹块具有长度为12.0mm的六边形凸台,尺寸与X形单胞构型相匹配,夹层靶板在塞入夹块后与夹板相连可以更好地被限位固定。夹块和相框夹板的开口尺寸确保了所有试样的未约束变形范围为边长80.0mm的方形区域。

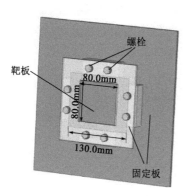
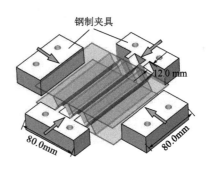

a)安装于防护箱内的固定用相框形夹板　　　b)固定X形试样的钢制夹具块

图4-4 侵彻实验夹具示意图

部分高速相机记录的弹体侵彻CFRP X形夹层结构(X-SD)过程中运动姿态的变化如图4-5所示,当弹体入射速度低于完全穿透试样的临界速度,即弹道极限速度,弹体在部分侵入夹层结构后会发生不同程度的回弹,在低速(v_0 = 48m/s)侵彻时,弹体在接触夹层结构后出现了明显的偏转和反向运动;在入射速度接近弹道极限时(v_0 = 113m/s),可以观察到弹体使靶板背弹面出现了大面积的隆起,最大垂向位移约为15mm,随后结构回弹,弹体偏转后停留夹层内部。

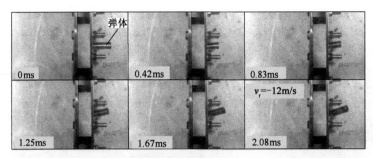

a)初始入射速度v_0=48m/s

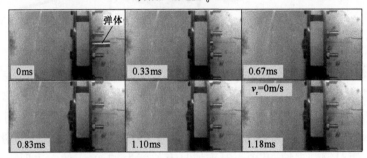

b)初始入射速度v_0=113m/s(入射速度低于弹道极限)

图4-5 弹体侵彻空心X形夹层结构运动姿态变化

通过高速相机照片测量的弹体侵彻CFRP夹层结构、泡沫填充夹层结构和等面密度层合板的初始入射速度v_0和剩余速度v_r的关系如图4-6所示,图中剩余速度为负值表示弹体的反弹速度。采用经典的Lambert-Jonas弹道极限方程来拟合弹体入射速度与剩余速度之间的关系[40],如下所示:

$$v_r = a\left(v_0^m - v_b^m\right)^{1/m} \qquad (v_0 \geqslant v_b) \tag{4-1}$$

式中:a、m——系数参数,通过测量数据拟合获得;

$\quad\quad v_b$——试样的弹道极限速度,m/s。

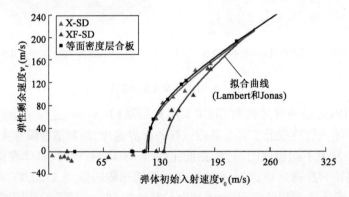

图4-6 弹体侵彻CFRP夹层结构(X-SD)、泡沫填充夹层结构(XF-SD)和等面密度层合板的初始入射速度
　　　 与剩余速度关系曲线

可以看到式(4-1)较好地拟合了弹体侵彻复合材料夹层结构和层合板时初始速度和残余速度之间的关系。拟合参数和弹道极限速度(拟合曲线和横坐标轴的交点)由实验得到。由于复合夹层结构制造过程中的随机缺陷和不均匀性,X-SD和XF-SD试样的抗侵彻性能具有相对较高的离散性。可以看到在正向冲击下,X-SD试样和其等面密度层合板具有大致相同的弹道极限速度,而泡沫增强夹层结构则有更高的弹道极限,随着冲击速度不断增加,弹体在穿过3种试样后的剩余速度预测曲线趋于重合。

不同速度弹体冲击后CFRP X形夹层结构的变形和破坏模式如图4-7所示,可以看到,在圆柱形弹体的冲击下,所有试样迎弹面均产生圆形的冲塞孔。在低速侵彻(v_0 = 48m/s)作用下,夹层结构的纤维拉伸/剪切断裂损伤仅出现在迎弹面和上半层波纹夹层中,下半部分没有可见的损伤。在接近弹道极限速度(v_0 = 113m/s)的弹体穿透作用下,夹层结构的变形最严重。X形芯子的纤维/基体断裂,腹板被卡入的弹体撑裂,在迎弹面和背弹面中出现了大面积分层,背弹面形成了显著的金字塔形凸起。夹层结构在高速(v_0 > 140m/s)弹体侵彻下的局部损伤和变形区域主要集中在冲塞区域周围。在该情况下,背弹面出现了十字形的纤维断裂裂纹,穿孔四周菱形区域的面板出现了小幅度的翘起变形,如图4-7所示的虚线框标示范围。

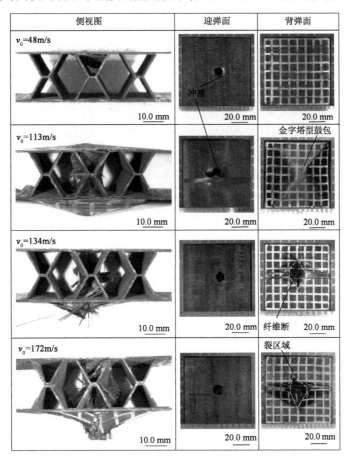

图4-7 不同初始入射速度(v_0)下弹体冲击后CFRP X形夹层结构侧视面、迎弹面和背弹面的破坏形貌和失效模式

4.1.2 Y形夹层结构侵彻实验

本节实验所采用的复合材料Y形夹层结构通过模具热压一体成型工艺制备而成，试件的整体尺寸为120mm×120mm，如图4-8所示为制备的复合材料Y形夹层结构侵彻实验试件。实验过程中试件的夹持方式与X形相同，子弹的有效冲击范围为90mm×90mm。

图4-8　复合材料Y形夹层结构侵彻实验试件

子弹初始入射速度v_0和剩余速度v_r借助高速相机测得，并将所得速度点绘制在v_0-v_r坐标图中，通过Lambert-Jonas公式拟合弹道极限。本次实验一共重复了9次，获得70~230m/s速度范围内的一系列实验数据。

将实验所得的初始速度和剩余速度绘制在初始速度—剩余速度坐标系中，拟合得到弹道极限曲线和初始动能对能量吸收比曲线如图4-9所示，其中弹道极限公式拟合参数a为0.95，m为1.93，拟合得到的弹道极限v_b为133.2m/s。

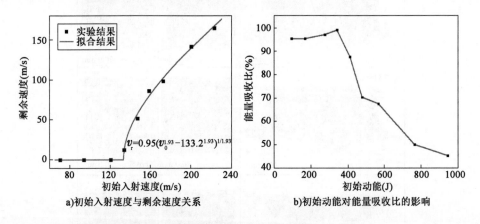

a)初始入射速度与剩余速度关系　　b)初始动能对能量吸收比的影响

图4-9　Y形夹层侵彻实验测试结果

复合材料夹层结构对子弹动能的吸收能力也是评价其抗冲击性能的一个常用标准，侵彻过程中子弹损失的动能ΔE_k为：

$$\Delta E_k = \frac{1}{2} m_p (v_0^2 - v_r^2) \tag{4-2}$$

式中：m_p——子弹的质量，kg；

    v_0——初始入射速度，m/s；

    v_r——剩余速度，m/s。

最终子弹侵彻过程中的能量吸收比表示为：

$$\frac{\Delta E_k}{E_k} = \frac{\frac{1}{2}m_p(v_0^2 - v_r^2)}{\frac{1}{2}m_p v_0^2} \tag{4-3}$$

式中：E_k——冲击前子弹的动能，J。

对碳纤维复合材料Y形夹层结构冲击过程的能量吸收进行分析，如图4-9b)所示给出了能量吸收比随着初始动能变化的趋势，从图中可以看出，碳纤维复合材料Y形夹层结构对子弹动能的吸收比随着子弹初始动能先增大后减小，在弹道极限附近达到最大值。当速度小于弹道极限时，碳纤维Y形夹层结构对子弹动能的吸收比例相当高，而且子弹初始动能对能量的吸收比例影响不大，这与碳纤维Y形夹层结构的几何特征有关；当速度小于弹道极限时，子弹在与Y形夹层结构的迎弹面冲击过程中损失了大量能量；本次实验得到最接近弹道极限的速度为133.8m/s，几乎是刚好将靶板击穿，剩余速度为12.3m/s，靶板对子弹的初始动能吸收比例也达到99.15%。

实验过程中，利用高速相机记录了子弹侵彻复合材料Y形夹层结构的全过程，三种速度下的冲击过程如图4-10所示，子弹初始入射速度为93.8m/s时，子弹未能将靶板击穿，并且发生了回弹，反弹速度相当小，并且夹层结构的背板无明显变形，由于Y形夹层结构的迎弹面被击穿，子弹的大部分初始动能被靶板吸收。子弹初始入射速度为133.8m/s时，子弹刚好能够将靶板击穿，从高速相机拍摄的图片可以看到，子弹穿过Y形夹层结构时，夹层结构的背板变形较大，并且随着子弹的穿过，有部分碳纤维碎屑被带出，子弹的剩余速度相当小，从图中的时间可以看出，整个侵彻过程耗时较长，大部分时间都是子弹穿出过程，子弹的初始动能几乎被靶板完全吸收。子弹初始入射速度为222.8m/s时，此时速度相当大，子弹可以轻松穿过靶板，子弹穿透靶板时产生了大量的碳纤维碎屑，此时Y形夹层结构被完全击穿，子弹的剩余速度较大。对以上3种速度的冲击过程进行对比分析可以发现，随着子弹初始入射速度的增大，子弹对夹层结构的破坏性逐渐增大，产生更多的碳纤维碎屑。

复合材料Y形夹层结构失效模式图如图4-11所示。由图4-11可知，对于不同的入射速度，Y形夹层均有不同程度的破坏。当速度较小时［图4-11a)~c)］芯子的失效模式主要有纤维断裂失效、中间平台处分层失效和塌陷失效以及Y形法兰处的分层失效；当子弹初速度超过弹道极限时，夹层结构的失效不仅发生在芯子上面，芯子与面板连接处也会发生失效，进而导致面板发生失效，如图4-11d)~i)所示，Y形芯子与面板连接处发生了断裂，同时也导致了面板的分层，这是因为子弹在穿过芯子的时候，连接处承受了极大的应力。

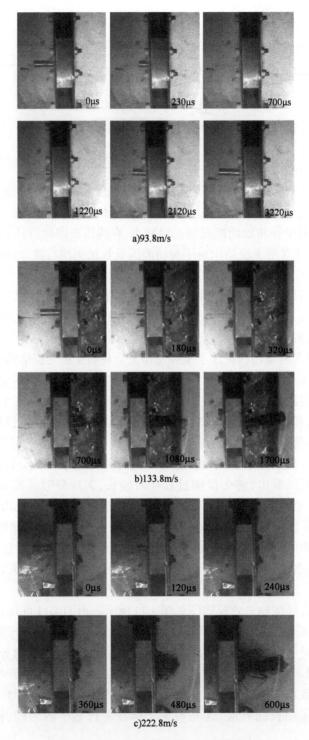

a)93.8m/s

b)133.8m/s

c)222.8m/s

图4-10 不同子弹初始入射速度下的冲击过程图

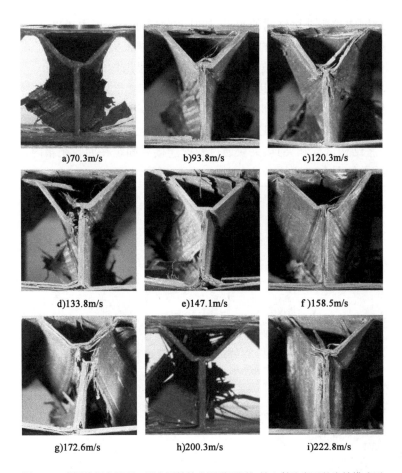

图4-11 碳纤维复合材料Y形夹层结构在子弹不同初始入射速度下的失效模式图

4.1.3 双箭头拉胀夹层结构侵彻实验

侵彻实验采用一级轻气炮实验系统,如图4-12a)所示。在侵彻实验中,使用高压罐中安全可靠的氮气为储气室加压,借此提供弹体运动所需的能量。进行实验时,首先需要将试样靶板固定在回收靶箱内,接着弹体被放置进内径12.7mm的发射炮管内,储气室中由阀门控制的压缩氮气被瞬间释放,弹体在发射炮管内被加速至所需的初始入射速度。可以通过调节储气室内氮气压力大小和弹体距炮管管口的距离,获得不同的弹体入射速度。弹体进入靶箱后,对试样进行冲击加载,在靶箱后部设置缓冲物以便安全地回收弹体。靶板的动态变形和损伤过程被高速摄像机记录下来。高速摄像机的采集图像帧率设置为50400fps,实验的数据和图像结果使用Photron Fastcam Viewer软件进行分析处理。本节的弹道冲击实验均为正撞击实验,弹体垂直入射靶板。

在回收靶箱内用于固定复合材料双箭头拉胀夹层结构的夹具如图4-12b)所示,该套固定夹具包括两件等边角钢、一件挡板和一件盖板,夹具的厚度为10mm,夹具的材料为45号钢。为了更好地固定拉胀夹层结构的边界,使其在弹道冲击过程中边界部分不发生滑移,同时又便于观察双箭头拉胀芯子的变形及弹体穿透拉胀夹层结构芯子的动态过程,如图 4-12c)所示的PMMA透明夹块被放入双箭头拉胀夹层结构的迎弹面和背弹面之间,并对PMMA透明夹块进行了抛光处理,以增加透光性。弹道冲击实验常用的弹体类型有圆球形弹体、平头弹体、半球形头弹体和卵形头弹体等,本节弹道冲击实验使用的弹体头部在平头弹体基础上进行了改进,如图 4-12d)所示,弹体的质量为32.7g,弹体的外径为12.6mm,弹体总长35mm。拉胀结构试样和夹具、夹块通过螺栓连接并固定在回收靶箱内。实验试样和实验现场的装配结果如图 4-13 所示。

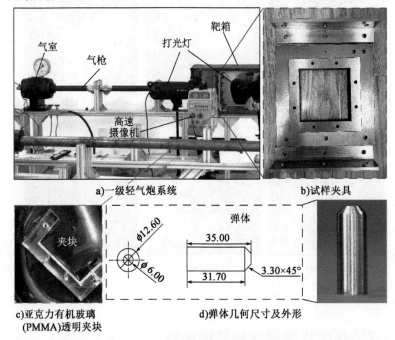

图4-12 弹道冲击实验系统的设备装置

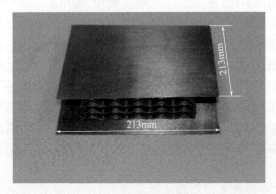

图4-13 弹道冲击实验试样和实验现场装配结果

通过高速摄像机采集拉胀夹层结构在不同冲击加载时刻的动态响应,对于相对密度为9.08%的拉胀夹层结构,其在3种具有代表性的初始入射速度条件下的动态冲击响应过程如图4-14所示。图4-14a)为弹体以60.61m/s的初始入射速度冲击复合材料拉胀夹层结构的过程图,弹体未能穿透拉胀结构,在随后的响应过程中弹体从复合材料拉胀夹层结构内开始反弹,并最终卡塞在结构中。弹体以85.06m/s的初始入射速度冲击拉胀夹层结构造成的侵彻和穿孔过程如图4-14b)所示:在0.53ms时刻,弹体穿透迎弹面,弹体进入拉胀夹层结构芯子内部,波纹板发生局部弯曲拉伸破坏;在1.07ms时刻,弹体头部接触拉胀夹层结构背弹面,并对其造成损伤破坏;在2.67ms时刻,弹体完全穿透拉胀夹层结构,并且穿透过程中伴随有纤维碎片飞出。图4-14c)给出了弹体以113.07m/s的初始入射速度侵彻穿透靶板的过程:在0.20ms时刻,拉胀夹层结构迎弹面和第一级芯层胞元被弹体破坏;在0.61ms时刻,拉胀夹层结构的背弹面被破坏,碳纤维碎块被挤压出背弹面,并形成突起鼓包;在1.03ms时刻,弹体完全穿透靶板。

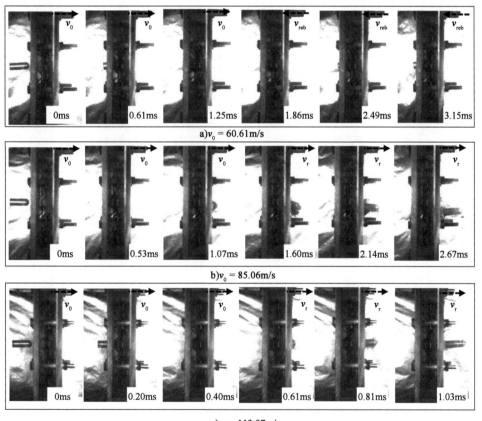

a)$v_0 = 60.61$m/s

b)$v_0 = 85.06$m/s

c)$v_0 = 113.07$m/s

图4-14 拉胀夹层结构在不同初始入射速度下的冲击过程图(Rd=9.08%)

侵彻冲击实验中用于评估复合材料拉胀夹层结构抗冲击性能的一些定量指标如图4-15所示。从弹道极限速度方面分析了复合材料拉胀夹层结构的抗侵彻性能,如图4-15a)b)所示。当拉胀夹层结构的相对密度从9.08%分别增加到16.66%和23.06%时,弹道极限速度分别增加了37.56%和54.89%。如图4-15c)所示,从能量吸收的角度分析了复合材料拉胀夹层结构的抗侵彻性能,当弹体以相同的入射动能冲击靶板时,拉胀夹层结构的能量吸收率得到如下结论:$\eta_{Rd=23.06\%} \geqslant \eta_{Rd=16.66\%} \geqslant \eta_{Rd=9.08\%}$。

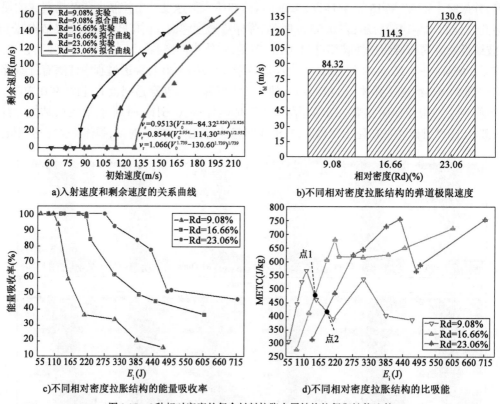

a)入射速度和剩余速度的关系曲线

b)不同相对密度拉胀结构的弹道极限速度

c)不同相对密度拉胀结构的能量吸收率

d)不同相对密度拉胀结构的比吸能

图4-15　3种相对密度的复合材料拉胀夹层结构抗侵彻性能比较

　　复合材料拉胀夹层结构相对密度的增大会导致结构的质量(M_{target})相应增加。考虑到拉胀夹层结构的质量这一影响因素,定义了比吸能(Mass-Energy Transfer Coefficient,METC)的概念,METC是拉胀夹层结构吸收的能量与拉胀夹层结构质量的比值,可以通过以下公式计算:

$$METC = \frac{\frac{1}{2}m_p(v_0^2 - v_r^2 - v_{reb}^2)}{M_{target}} \tag{4-4}$$

　　METC和弹体入射动能之间的关系曲线如图4-15d)所示。在弹体的入射动能增加到点1之前,复合材料拉胀夹层结构的METC大小排序如下:$METC_{Rd=9.08\%} > METC_{Rd=16.66\%} > METC_{Rd=23.06\%}$,这是因为当弹体的入射动能很小时(弹体入射动能还未达到相对密度为16.66%和23.06%的拉胀夹层结构的临界能量值),这3种相对密度的复合材料拉胀夹层结构的能量吸收率非常高,而相对密度为9.08%的拉胀夹层结构的质量较小,因此相对密度为

9.08%的拉胀夹层结构的METC值大于另外两组较大相对密度拉胀结构的METC值。当弹体入射动能在点1和点2之间时,由于相对密度为9.08%的拉胀夹层结构的能量吸收率迅速下降,因而相对密度为9.08%的拉胀夹层结构的METC值小于16.66%拉胀夹层结构的METC值,且大于23.06%拉胀夹层结构的METC值。在点2之后,相对密度为16.66%和23.06%的拉胀夹层结构的METC值大于相对密度为9.08%的拉胀夹层结构的METC值。总体而言,相对密度的增加对提高复合材料拉胀夹层结构的抗侵彻性能有积极的影响。

4.2 夹层结构侵彻仿真

4.2.1 X形夹层结构侵彻仿真

本节分别对CFRP X形夹层结构(X-SD)、泡沫填充X形夹层结构(XF-SD)和等面密度层合板进行建模,模型尺寸与实验试样相同。如图4-16a)所示,泡沫填充夹层结构使用三维实体单元建立,使用的主要单元类型为C3D8R,在泡沫边缘的不规则区域使用了少量的C3D6单元。相框形夹板和钢制夹块设置为刚体,并约束其所有方向的自由度。钢制圆柱形弹体同样设置为刚体,尺寸和总质量与实验保持一致。在数值模拟中,夹层结构和层合板由固支的夹板和夹块约束,提供类似于实验的夹支边界条件。弹体设置的初始入射速度v_0设置与实验测量的入射速度一致。X-SD和XF-SD模型局部的有限元网格划分如图4-16b)所示。夹层结构主要的失效区域集中在撞击点附近,因此,细化了撞击中心附近30.0mm × 30.0mm的方形区域内的模型网格。面板上细化网格的面内平均长度为0.73mm,夹层腹板上细化网格平均长度为0.76mm,面板和腹板的每层CFRP铺层均用一层C3D8R网格模拟,其单层厚度为0.088mm,泡沫单元的平均尺寸约为0.80mm。

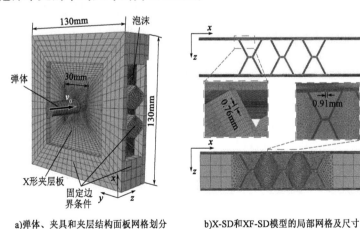

a)弹体、夹具和夹层结构面板网格划分 b)X-SD和XF-SD模型的局部网格及尺寸

图4-16 PU泡沫填充CFRP X形夹层结构弹体侵彻有限元模型

图4-17比较了X-SD和XF-SD的弹道冲击速度和残余速度的数值仿真结果、理论预报和实验结果。由图4-17可知,有限元模型正确地预测了不同冲击速度下的剩余速度和夹层结构弹道极限。由于有限元模型没有随机材料缺陷,因此数值预测结果与理论预测曲线吻合度更高。随着入射速度的增加,有限元计算结果显示的夹层结构能量耗散能力相比理论预报和实验值偏高,这可能是因为数值模型中使用的材料应变率强化模型在高应变率范围和实际情况存在误差。

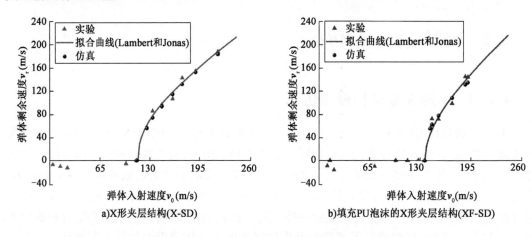

a)X形夹层结构(X-SD)　　　　　　b)填充PU泡沫的X形夹层结构(XF-SD)

图4-17　夹层结构的实验和数值仿真弹道冲击速度和残余速度的比较

数值仿真的X-SD背弹面变形和失效模式与实验结果的对比如图4-18所示。图4-18中U2表示y方向变形,单位为mm,无量纲损伤变量(FD)表示纤维断裂,当FD超过0时,纤维损坏出现初始损伤,当FD达到1时,纤维完全失效。有限元结果显示的X-SD背弹面的失效区域与实验基本一致,但是数值模拟的背弹面裂纹形状近似T形,而不是实验中观察到的十字形。该现象主要由于弹体穿透迎弹面和前半夹层导致冲塞碎片随机移动,冲出的冲塞碎片在弹体的推动下会撞击背弹面,但是在空心夹层内碎片一般不会撞击面板正中心,偏向一侧的碎片在挤压后产生了应力集中,使得背弹面的主要纵向裂纹没有出现在面板中央,因此裂纹也变为了T形。由于同样的原因,X-SD在弹体正撞区域的背弹面严重受损。

4.2.2　Y形夹层结构侵彻仿真

在ABAQUS中建立与实验试件具有相同几何尺寸的有限元模型,对实验过程进行仿真计算。如图4-19所示为碳纤维复合材料Y形夹层结构侵彻实验有限元模型。

实验与数值仿真的拟合曲线如图4-20所示,数值仿真结果通过拟合得到弹道极限为131.8m/s,与实验所得弹道极限133.2m/s的相对误差为1.06%,两种结果吻合较好,具有一定的可靠性。

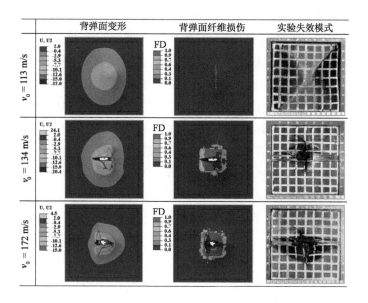

图4-18　不同速度弹体冲击下X形夹层结构背弹面变形和损伤仿真与实验结果对比

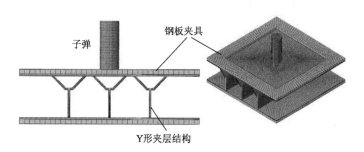

图4-19　碳纤维复合材料Y形夹层结构侵彻实验有限元模型

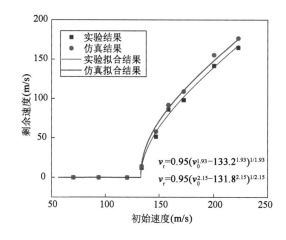

$$v_r = 0.95(v_0^{1.93} - 133.2^{1.93})^{1/1.93}$$

$$v_r = 0.95(v_0^{2.15} - 131.8^{2.15})^{1/2.15}$$

图4-20　初始速度-剩余速度关系曲线实验与仿真结果对比

对实验中每种速度进行数值仿真,从数值仿真的结果中选取3种典型的速度进行详细的分析。如图4-21所示,速度为93.8m/s时的冲击仿真过程横剖面图,如图4-22所示为冲击过程中的速度-时间曲线。从图4-21可以看出,在冲击过程中,子弹头部首先接触到夹层结构的迎弹面,在子弹击穿迎弹面的过程中,子弹速度急剧减小,该阶段对应于图4-22中AB段,速度-时间曲线斜率较大;子弹击穿迎弹面后,只受到迎弹面对子弹侧面的摩擦阻力,此过程中子弹速度减小较慢,对应于图4-22中BC段,速度-时间曲线的斜率较小;随着侵彻过程继续进行,子弹头部与Y形夹层结构的中间平台接触,由于中间平台下方有较长的垂直部,具有较好的抗冲击性能,子弹遇到相当大的阻力,速度又迅速减小,这个过程对应于图4-22中CD段,该过程持续时间较长,包括中间平台的断裂,垂直部的失稳等失效。该速度下子弹没能将Y形夹层结构击穿,图4-22中,到达D点时,子弹的速度已经减小为零。

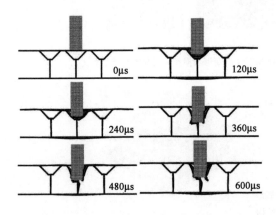

图4-21 速度为93.8m/s时的冲击仿真过程横剖面图

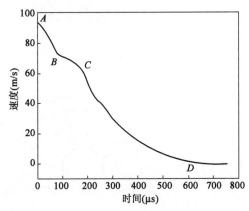

图4-22 速度为93.8m/s时的速度-时间曲线

速度为133.8m/s时的冲击仿真过程横剖面图如图4-23所示,冲击过程中的速度-时间曲线如图4-24所示。冲击过程中,子弹头部接触到夹层板的迎弹面,在子弹击穿迎弹面的过程中,子弹速度急剧减小,该阶段对应于图4-24中AB段,速度-时间曲线斜率较大;子弹击穿迎弹面后,只受到迎弹面对子弹侧面的摩擦阻力,此过程中子弹速度减小较慢,对应于图4-24中BC段,速度-时间曲线的斜率较小;随着侵彻过程继续进行,子弹头部与Y形夹层结构的中间平台接触,由于中间平台下方有较长的垂直部,具有较好的抗冲击性能,子弹遇到相当大的阻力时,速度又迅速减小,这个过程对应于图4-24中CD段,该过程持续时间较长,包括中间平台的断裂,垂直部的失稳等失效。该速度下,子弹速度较大,因而各个阶段持续的时间相对于速度为93.8m/s时较短,而且该速度下子弹已经将夹层结构击穿,子弹的剩余速度为14.3m/s。

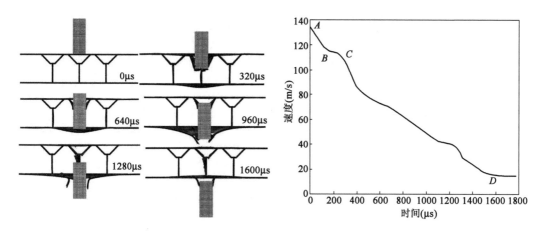

图 4-23　速度为 133.8m/s 时的冲击仿真过程横剖面图　　　图 4-24　速度为 133.8m/s 时的速度-时间曲线

速度为 222.8m/s 时的冲击仿真过程横剖面图如图 4-25 所示,冲击过程中的速度-时间曲线如图 4-26 所示。侵彻过程中,子弹头部首先接触到夹层板的迎弹面,在子弹击穿迎弹面的过程中,子弹速度急剧减小,该阶段对应于图 4-26 中 AB 段,速度-时间曲线斜率较大;子弹击穿迎弹面后,只受到迎弹面对子弹侧面的摩擦阻力,此过程中子弹速度减小程度较慢,对应于图 4-26 中 BC 段,速度-时间曲线的斜率较小;随着侵彻过程继续进行,子弹头部与 Y 形夹层结构的中间平台接触,由于中间平台下方有较长的垂直部,具有较好的抗冲击性能,子弹遇到相当大的阻力,速度又迅速减小,这个过程对应于图 4-26 中 CD 段,该过程持续时间较长,包括中间平台的断裂,垂直部的失稳等失效;由于此时速度相当大,夹层结构的垂直部迅速失稳失效,抗冲击性能迅速下降,子弹受到的阻力较小,速度减小较慢,对应于图 4-26 中 DE 段;侵彻过程继续进行,子弹头部遇到夹层板的背弹面,受到的阻力增大,速度减小再次加快,对应于图 4-26 中 EF 段。在图 4-26 中 F 点之后,侵彻过程已经完成,子弹的剩余速度为 173.4m/s。

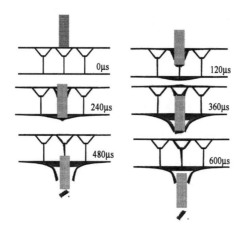

图 4-25　速度为 222.8m/s 时的冲击仿真过程横剖面图

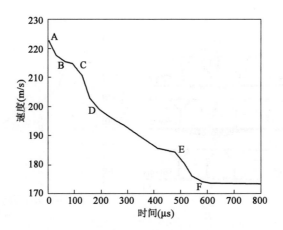

图 4-26 速度为222.8m/s时的速度-时间曲线

对比分析3种速度下的侵彻过程,建立的数值仿真模型能很好地模拟出碳纤维复合材料Y形夹层结构在平头子弹冲击下的变形和失效过程。在平头子弹冲击侵彻过程中,数值仿真模型能较好地模拟出子弹穿透碳纤维Y形夹层结构的迎弹面、背弹面以及Y形芯子的过程,可以观察到实验过程中高速摄像机拍摄不到的过程,结合速度-时间曲线可以更好地分析冲击侵彻过程,既验证了本节所建有限元模型的可靠性,同时也补充了实验所不能观察到的现象。

碳纤维Y形夹层结构迎弹面仿真失效模式图如图4-27所示,为了能够更清楚地看到迎弹面的失效模式,将芯子与下面板隐藏,从图中可以看出,由于夹层结构的迎弹面较薄,在各个速度下,迎弹面均被击穿,在冲击过程中都发生了纤维的断裂,主要发生在子弹冲击区域的边缘处;如图4-28所示为碳纤维Y形夹层结构背弹面纤维拉伸仿真失效模式图,同样将芯子和迎弹面隐藏,分析下面板的失效模式,当子弹的速度较小时,夹层结构的下面板无明显损伤,当子弹能够将夹层结构击穿之后,背弹面发生了纤维的断裂以及分层失效,与实验结果吻合较好。

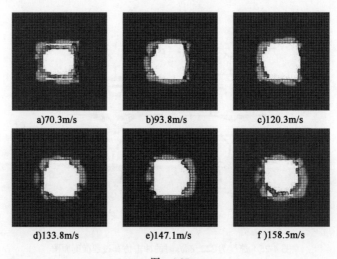

a)70.3m/s　　　　b)93.8m/s　　　　c)120.3m/s

d)133.8m/s　　　　e)147.1m/s　　　　f)158.5m/s

图 4-27

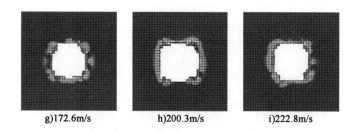

g)172.6m/s　　　　　　h)200.3m/s　　　　　　i)222.8m/s

图4-27　碳纤维复合材料Y形夹层结构迎弹面纤维拉伸失效模式图

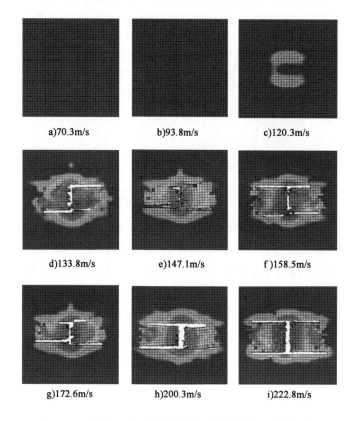

a)70.3m/s　　　　　　b)93.8m/s　　　　　　c)120.3m/s

d)133.8m/s　　　　　　e)147.1m/s　　　　　　f)158.5m/s

g)172.6m/s　　　　　　h)200.3m/s　　　　　　i)222.8m/s

图4-28　碳纤维Y形夹层结构背弹面纤维拉伸仿真失效模式图

4.2.3　双箭头拉胀夹层结构侵彻仿真

4.2.3.1　相对密度研究

本节采用商业有限元软件ABAQUS/Explicit进行双箭头拉胀夹层结构的弹道冲击响应模拟和分析。建立了3种不同相对密度的复合材料双箭头拉胀夹层结构有限元分析模型，其中相对密度为16.66%的拉胀夹层结构的有限元仿真模型如图4-29所示。

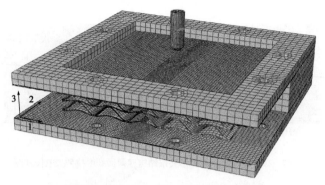

a)相对密度为16.66%的拉胀夹层结构有限元仿真模型

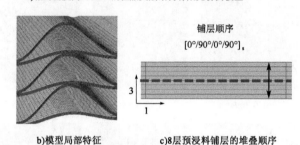

b)模型局部特征   c)8层预浸料铺层的堆叠顺序

图4-29 弹道冲击有限元仿真模型图

采用 Lambert-Jonas 方程拟合得到拉胀夹层结构弹道极限速度的仿真计算结果,如图 4-30 所示,有限元仿真的初始速度-剩余速度曲线结果与实验结果具有相同的规律。由有限元仿真计算拟合结果可知,相对密度为 9.08%、16.66% 和 23.06% 的拉胀夹层结构的弹道极限速度分别为 82.67m/s、114.00m/s 和 126.10m/s,弹道极限速度的有限元仿真拟合结果与实验结果非常接近。

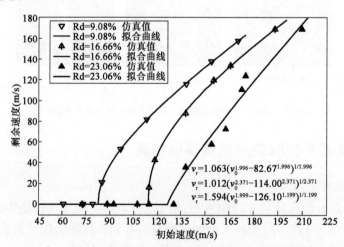

图4-30 不同相对密度拉胀夹层结构初始速度和剩余速度关系曲线的有限元计算结果

不同相对密度复合材料拉胀结构有限元计算的典型冲击过程图如图4-31所示。图中弹孔周围区域的复合材料没有发生损伤,中间区域的材料发生了不同程度的损伤,单元产生失效。有限元仿真的弹体冲击过程与试验中弹体冲击靶板类似。首先,弹体接触拉胀夹层结构迎弹面,迎弹面和芯子共同抵抗弹体冲击载荷;接着,弹体穿透迎弹面进入芯子,造成芯子断裂破坏;最后,弹体接触并击穿背弹面,飞出结构。对于相对密度为9.08%的拉胀夹层结构,在85.06m/s入射速度下的冲击损伤过程图如图4-31a)所示,由图可知,整个冲击过程中拉胀夹层结构迎弹面变形较小,弹体冲击孔周围迎弹面会有微小的弯曲变形。在0.52ms时刻,弹体穿透拉结构迎弹面和芯子,与背弹面接触。在1.06ms时刻,拉胀芯子波纹板之间发生脱粘现象,波纹板拱顶发生断裂,背弹面在中间3个单胞跨距范围里产生较大弯曲变形。在2.66ms时刻,弹体完全飞出拉胀夹层结构。对于相对密度为16.66%的拉胀夹层结构,在118.14m/s入射速度下的冲击损伤过程图如图4-31b)所示,由图可知,在冲击过程中,迎弹面保持成近乎水平状态,拉胀芯子间会发生脱粘现象。在0.32ms时刻,弹体穿透拉胀夹层结构迎弹面及第一和第二级芯层,第三级芯层中间胞元的上波纹板产生破坏;在0.64ms和0.96ms时刻,拉胀夹层结构背弹面产生较大弯曲变形;在1.60ms时刻,弹体完全穿出拉胀夹层结构。与相对密度为9.08%的拉胀夹层结构相比,相对密度为16.66%的拉胀夹层结构的背弹面变形范围有所扩大。对于相对密度为23.06%的拉胀夹层结构,在137.47m/s入射速度下的冲击损伤过程图如图4-31c)所示。在0.34ms时刻,弹体穿透拉胀结构迎弹面和芯子,将要接触背弹面;在0.66ms时刻,弹体正在冲击拉胀结构背弹面;在1.70ms时刻,弹体完全穿出拉胀夹层结构。与相对密度为9.08%和16.66%的拉胀夹层结构相比,相对密度为23.06%的拉胀夹层结构背弹面变形程度更大、范围延伸更广,但拉胀芯层之间的脱粘现象减少很多。

对于相对密度为9.08%的拉胀夹层结构,其迎弹面在不同入射速度下的破坏模式有限元结果如图4-32所示。图4-32中拉胀夹层结构迎弹面中心区域发生了损伤破坏。如图4-32a)、b)所示,弹体没有击穿复合材料拉胀夹层结构,在冲击孔洞里堆叠了大量复合材料碎块。如图4-32c)所示,弹体发生了反弹,但是对拉胀夹层结构背弹面产生了破坏,在冲击孔洞里的视野里可以观察到破坏的复合材料碎片。如图4-32d)~i)所示,随着弹体入射速度增加,迎弹面的冲剪失效更为明显。

对于相对密度为9.08%的拉胀夹层结构,其背弹面在不同入射速度下的破坏模式有限元结果如图4-33所示。如图4-33a)所示,拉胀结构的背弹面没有被穿透。如图4-33b)所示,弹体虽然没有穿透拉胀夹层结构背弹面,但是已经对其造成了损伤。如图4-33c)~i)所示,拉胀夹层结构背弹面出现冲孔,其损伤模式复杂多样。另外,如图4-33e)~g)所示,当弹体以中等入射速度冲击靶板时,拉胀夹层结构背弹面发生的破坏更严重。在典型弹体入射速度条件下,相对密度为9.08%的拉胀夹层结构迎弹面和背弹面失效模式的试验和仿真结果对比如图4-34和图4-35所示,拉胀夹层结构迎弹面和背弹面损伤区域形状和特征与试验结果基本一致。

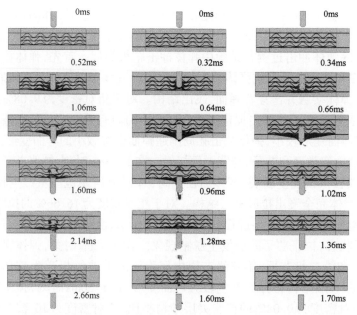

a)Rd=9.08%, v_0=85.06m/s b)Rd=16.66%, v_0=118.14m/s c)Rd=23.06%, v_0=137.47m/s

图4-31 不同相对密度复合材料拉胀夹层结构有限元计算的典型冲击过程图

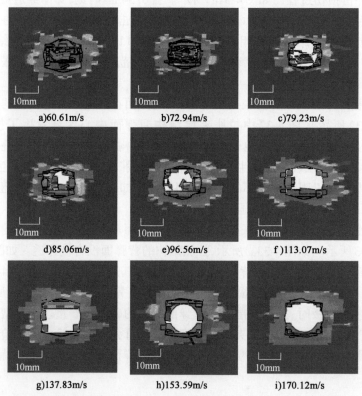

a)60.61m/s   b)72.94m/s   c)79.23m/s

d)85.06m/s   e)96.56m/s   f)113.07m/s

g)137.83m/s   h)153.59m/s   i)170.12m/s

图4-32 拉胀夹层结构在不同弹体入射速度下迎弹面失效模式有限元仿真结果(Rd = 9.08%)

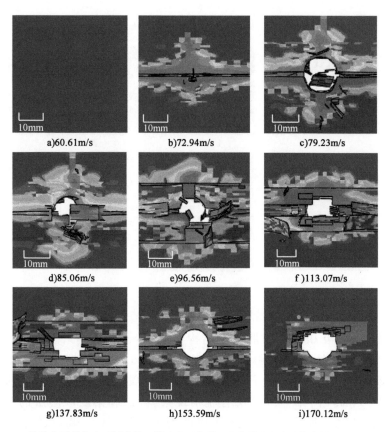

图4-33 拉胀夹层结构在不同弹体入射速度下背弹面失效模式有限元仿真结果（Rd = 9.08%）

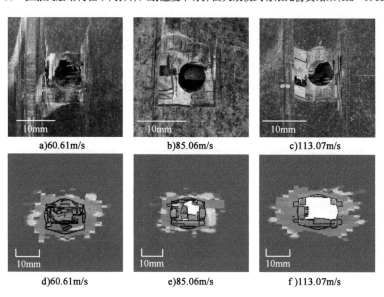

图4-34 拉胀夹层结构在不同弹体入射速度下迎弹面失效模式对比（Rd = 9.08%）

a)60.61m/s   b)85.06m/s   c)113.07m/s

d)60.61m/s   e)85.06m/s   f)113.07m/s

图4-35 拉胀夹层结构在不同弹体入射速度下背弹面失效模式对比(Rd = 9.08%)

对于相对密度为 9.08% 的拉胀夹层结构,拉胀芯子在不同入射速度下的破坏模式有限元结果如图 4-36 所示。当弹体入射速度为 60.61m/s 时,拉胀夹层结构芯子前两个层级波纹板完全损坏,第三级芯层波纹拱顶处出现断裂,如图 4-36a)所示。当弹体入射速度为 72.94m/s 时,第一级芯层有脱粘现象,第二和第三级芯层的波纹层板产生较大弯折,如图 4-36b)所示。弹体入射速度为 79.23m/s 时,第一级芯层脱粘现象加剧,第二级芯层波纹板拱顶左边一侧折断,第三级芯层波纹板拱顶从两侧波纹板断开,如图 4-36c)所示。对于弹体入射速度为 85.06m/s 和 96.56m/s 的工况,拉胀芯子破坏模式相似,如图 4-36d)、e)所示。由图可知,拉胀结构第二级芯层左侧发生脱粘,第二级芯层右侧下波纹板折断。如图 4-36f)所示,弹体入射速度为 113.07m/s,第三级芯层波纹板拱顶处断开。如图 4-36g)~ i)所示,弹体入射速度分别为 137.83m/s、153.59m/s 和 170.12m/s,弹体快速穿过拉胀夹层结构芯子,弹体对拉胀夹层结构芯子的破坏形式基本相同。

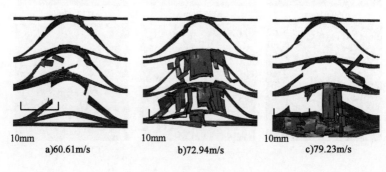

a)60.61m/s   b)72.94m/s   c)79.23m/s

图 4-36

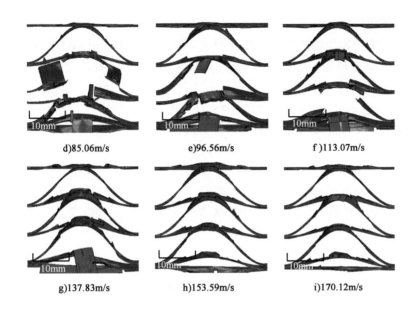

d)85.06m/s　　　　e)96.56m/s　　　　f)113.07m/s

g)137.83m/s　　　　h)153.59m/s　　　　i)170.12m/s

图4-36　拉胀夹层结构芯子在不同弹体入射速度下的失效模式有限元仿真结果(Rd=9.08%)

4.2.3.2　填充泡沫研究

本节使用有限元方法对泡沫填充拉胀夹层结构的弹道冲击性能进行数值模拟研究。基于相对密度为16.66%的泡沫填充拉胀夹层结构弹道冲击实验研究,本节进一步开展了相对密度为9.08%、16.66%和23.06%的泡沫填充拉胀夹层结构弹道冲击数值模拟研究。相对密度为16.66%的泡沫填充拉胀夹层结构有限元模型如图4-37所示,其余两种相对密度的有限元模型以此为参照进行建立。泡沫填充拉胀夹层结构有限元模型的单元类型均为C3D8R实体单元。

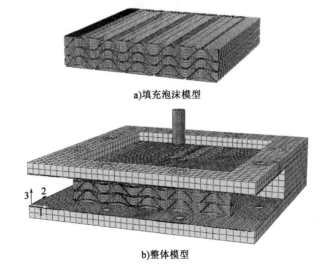

a)填充泡沫模型

b)整体模型

图4-37　泡沫填充拉胀夹层结构有限元模型(Rd=16.66%)

聚氨酯泡沫的材料模型采用ABAQUS自带的可压碎泡沫(Crushable Foam)模型,在材料定义时录入泡沫的单轴压缩实验测量的屈服应力和塑性应变。在ABAQUS中,材料的塑性行为必须用真实应力和真实应变进行定义,真实应力σ_{true}可由名义应力σ_{nom}、名义应变ε_{nom}通过式(4-5)计算得到:

$$\sigma_{\text{true}} = \sigma_{\text{nom}}(1 + \varepsilon_{\text{nom}}) \tag{4-5}$$

真实应变可由名义应变通过式(4-6)计算得到:

$$\varepsilon_{\text{true}} = \ln(1 + \varepsilon_{\text{nom}}) \tag{4-6}$$

在*PLASTIC选项中的数据将材料的真实屈服应力定义为真实塑性应变的函数。选项的第一个数据定义材料的初始屈服应力。因此,第一个塑性应变值为零。弹性应变等于真实应力与杨氏模量的比值,从总体应变中减去弹性应变,得到塑性应变:

$$\varepsilon_{\text{true}}^{\text{pl}} = \varepsilon_{\text{true}}^{\text{t}} - \varepsilon_{\text{true}}^{\text{el}} = \varepsilon_{\text{true}}^{\text{t}} - \sigma_{\text{true}}/E \tag{4-7}$$

式中:$\varepsilon_{\text{true}}^{\text{pl}}$——真实塑性应变;

$\quad\quad\varepsilon_{\text{true}}^{\text{t}}$——总体真实应变;

$\quad\quad\varepsilon_{\text{true}}^{\text{el}}$——真实弹性应变;

$\quad\quad E$——杨氏模量,MPa。

选用Deshpande和Fleck提出的各向同性硬化本构模型[41]定义泡沫材料的硬化,如图4-38所示,图中p表示归一平均应力,q表示归一有效应力。聚氨酯泡沫的失效形式使用ABAQUS自带的Ductile Damage和Shear Damage损伤破坏准则来描述。泡沫的应变率效应通过Yield Ratio的表格形式进行定义。

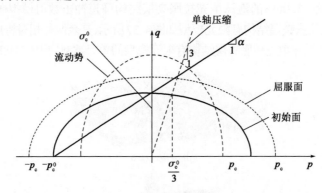

图4-38 各向同性硬化模型[41]

对于相对密度为16.66%的泡沫填充拉胀夹层结构,其弹体剩余速度有限元计算结果和实验结果见表4-1。由表4-1可知,剩余速度有限元计算结果与实验结果误差绝对值均在15%以内,说明有限元计算结果与实验吻合较好。对于4号、5号和6号实验,弹体入射速度与弹道极限速度相差不大时,有限元计算和实验结果存在一定误差。对于7号、8号和9号实验,弹体入射速度与弹道极限速度相差较大,有限元计算和实验结果误差较小。对于相对密度为9.08%和23.06%的泡沫填充拉胀夹层结构,弹体入射速度和剩余速度有限元计算结果见表4-2。对于相对密度为9.08%的泡沫填充拉胀夹层结构,弹体入射速度和剩余速度关系图如图4-39所示,倒三角数据点是通过有限元计算得到的,而图中曲线是采用Lambert-Jonas弹道极限拟合方程得到的。由拟合数据可知,相对密度为9.08%的泡沫填充拉胀夹层结构的弹道极限速度是86.74m/s,与没有填充泡沫的拉胀夹层结构弹道极限速度(实验结果84.32m/s)相比提升了约2.87%。对于相对密度为16.66%的泡沫填充拉胀夹层结构,其弹体入射速度和剩余速度关系图如图4-40所示。图4-40中曲线同样是用弹道极限方程拟合得到的。由拟合数据可知,相对密度为16.66%的泡沫填充拉胀夹层结构的弹道极限速度是120.60m/s。对于相对密度为23.06%的泡沫填充拉胀夹层结构,其弹体入射速度和剩余速度关系图如图4-41所示。图4-41中曲线是使用弹道极限方程拟合得到的。由拟合数据可知,相对密度为23.06%的泡沫填充拉胀夹层结构的弹道极限速度是152.80m/s。

相对密度为16.66%时弹体剩余速度有限元计算与实验结果 表4-1

实验号		1	2	3	4	5	6	7	8	9
v_0(m/s)		75.23	88.85	98.74	121.86	126.49	145.18	159.05	165.36	177.70
v_r(m/s)	实验	0	0	0	26.41	58.51	89.32	110.11	117.92	136.89
	有限元计算	0	0	0	24.10	51.18	83.76	107.25	117.69	134.59
误差(%)		—	—	—	-8.75	-12.53	-6.22	-2.60	-0.20	-1.68

相对密度9.08%和23.06%时弹体剩余速度有限元计算结果 表4-2

编号	Rd = 9.08%(泡沫填充)		Rd = 23.06%(泡沫填充)	
	v_0(m/s)	v_r(m/s)	v_0(m/s)	v_r(m/s)
1	55.00	0	85.00	0
2	65.00	0	105.00	0
3	75.00	0	115.00	0
4	93.00	45.94	155.00	36.08
5	104.00	67.48	158.00	53.25
6	121.00	96.41	165.00	71.33
7	145.00	126.08	175.00	88.89
8	161.00	142.88	185.00	105.71
9	178.00	160.61	195.00	121.51

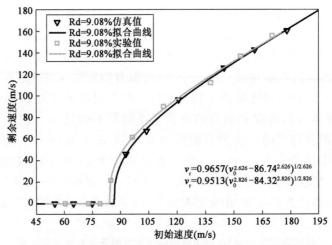

图4-39 弹体冲击泡沫填充拉胀夹层结构时入射速度和剩余速度关系曲线有限元计算结果（Rd = 9.08%）

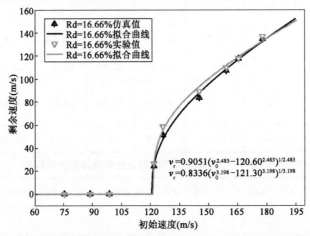

图4-40 弹体冲击泡沫填充拉胀夹层结构时入射速度和剩余速度关系曲线有限元计算结果（Rd = 16.66%）

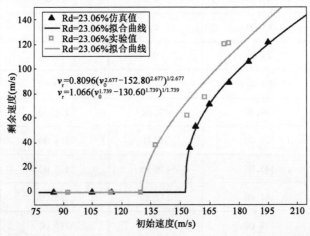

图4-41 弹体冲击泡沫填充拉胀夹层结构时入射速度和剩余速度关系曲线有限元计算结果（Rd = 23.06%）

对于相对密度为9.08%的泡沫填充拉胀夹层结构,在3种典型入射速度下的冲击响应过程如图4-42所示。为了更好地展现拉胀芯子内部的动态响应,过程图均是弹体和拉胀夹层结构的剖面图。如图4-42a)所示,弹体的入射速度为65.00m/s,在0.54ms时,弹体穿过拉胀结构第一和第二级芯层开始压迫第三级芯层波纹板拱顶。在1.08ms时,第二级芯层的下波纹板和拉胀结构背弹面发生较大的整体弯曲变形,背弹面产生隆起现象。在1.62ms时,弹体已经开始反弹。在2.70ms时,弹体在泡沫填充拉胀夹层结构内部的反弹过程结束,弹体脱离泡沫填充拉胀结构芯子。如图4-42b)所示,弹体以93.00m/s的速度冲击泡沫填充拉胀夹层结构,在0.25ms时,弹体侵入第一级芯层。在0.55ms时,弹体完全穿过拉胀芯子,结构背弹面局部发生变形。在0.75ms时,结构背弹面变形更为明显。在1.05ms时,弹体正在穿过结构背弹面。在1.35ms时,弹体完成穿透泡沫填充拉胀夹层结构,并飞离结构背弹面。如图4-42c)所示,弹体的入射速度为178.00m/s,在0.10ms时,弹体侵入拉胀夹层结构第一级芯层,迎弹面基本保持平面形式。在0.2ms时,弹体穿过结构第一和第二级芯层,并冲击第三级芯层。在0.32ms时,弹体一部分已经穿出结构背弹面。在0.54ms时,弹体完全脱离泡沫填充拉胀夹层结构,由于填充的泡沫阻止了背弹面的变形恢复,结构背弹面有明显的局部弯曲变形。

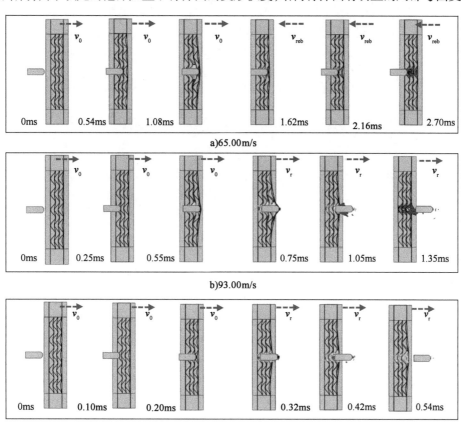

图4-42 泡沫填充拉胀夹层结构在不同入射速度下冲击响应数值模拟过程图(Rd = 9.08%)

对于相对密度为9.08%的泡沫填充拉胀夹层结构,其迎弹面在不同入射速度下的破坏模式有限元仿真结果如图4-43所示。如图4-43a)~c),弹体入射速度低于弹道极限速度,泡沫填充拉胀夹层结构的迎弹面损伤模式基本相同,环绕弹孔周围出现基体损伤,弹孔内部堆叠有破碎的碳纤维和泡沫。如图4-43d)~i),弹体入射速度高于弹道极限速度,迎弹面破坏模式也很类似,弹孔中间存在因冲击而产生的碳纤维碎片,并且弹孔周围也存在一定程度的损伤。

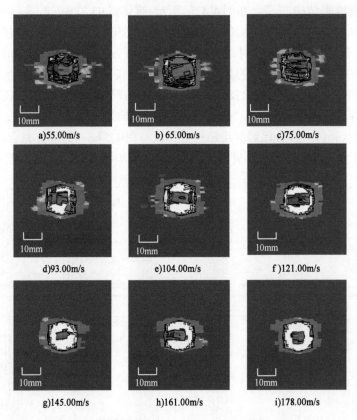

图4-43 泡沫填充拉胀夹层结构迎弹面失效模式有限元仿真结果(Rd = 9.08%)

对于相对密度为9.08%的泡沫填充拉胀夹层结构,其泡沫填充拉胀芯子在弹体不同入射速度下的破坏模式有限元仿真结果如图4-44所示。如图4-44a)所示,拉胀结构芯子第一级芯层、第二级芯层和第三级芯层上波纹板均出现破坏,并伴随有碳纤维层片的弯折。泡沫在弹体穿过处同样出现损伤,但是最下面一部分泡沫没有损伤。如图4-44b)所示,拉胀结构芯子的各层级都有损伤,且泡沫也都受到破坏,泡沫的断面较整齐。如图4-44c)所示,拉胀芯子各级芯层出现折断现象,结构背弹面出现破坏和变形。如图4-44d)所示,拉胀结构芯子第三级芯层上波纹板出现明显断裂,填充的泡沫断面损伤较为严重。如图4-44e)~g)所示,弹体入射速度分别为104.00m/s、121.00m/s和145.00m/s,在这3种入射速度下拉胀结构芯子的破坏模式和形貌类似。如图4-44h)、i)所示,弹体入射速度分别为161.00m/s和178.00 m/s,拉胀结构芯子第三级芯层内填充的泡沫均出现向面外旋转的情况,泡沫与第三级芯层上波纹板分离,可以看到剖面里侧没有发生损伤的灰白色泡沫区域。

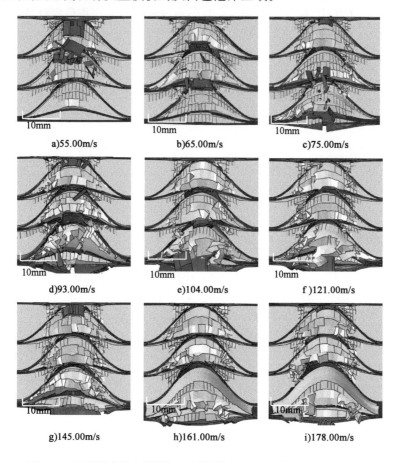

a)55.00m/s   b)65.00m/s   c)75.00m/s

d)93.00m/s   e)104.00m/s   f)121.00m/s

g)145.00m/s   h)161.00m/s   i)178.00m/s

图4-44 泡沫填充拉胀夹层结构芯子失效模式有限元仿真结果(Rd = 9.08%)

4.3 本章小结

本章对CFRP X形夹层结构、Y形夹层结构和双箭头拉胀夹层结构进行了弹体侵彻实验,测试获得了X形夹层结构、Y形夹层结构和双箭头拉胀夹层结构的弹道极限,并获取了结构的侵彻毁伤失效模式。建立了有效的有限元模型,研究了X形夹层结构、Y形夹层结构和双箭头拉胀夹层结构的弹体侵彻能量吸收能力和失效机制。研究结果表明,在弹体正向侵彻情况下,CFRP X形夹层结构、Y形夹层结构和双箭头拉胀夹层结构在弹体速度接近弹道极限时,其主要失效模式为纤维/基体断裂和面板分层失效;而当弹体速度高于弹道极限时,夹层结构主要出现局部冲塞。其中,对于X形夹层结构和Y形夹层结构而言,弹体直接撞击的夹层腹板和面芯节点数量越多,结构吸收的动能越高。对于双箭头拉胀夹层结构而言,在填充轻质泡沫后,重新分配了弹体冲击力,增强了双箭头拉胀夹层结构的整体响应,减少了背弹面上的应力集中,相比未泡沫填充拉胀夹层结构的平均能量吸收量增加。

第5章 复合材料夹层结构抗局部冲击性能

研究人员[42-45]对爆炸冲击波作用下夹层结构的动态响应和能量耗散机制进行了大量研究。研究发现,低密度夹层结构在承受冲击载荷时具有优异的能量吸收特性,可以有效减少传递到结构后方的冲击波,提高结构的抗冲击性能。与金属材料相比,各向异性的纤维增强复合材料的冲击破坏模式和能量耗散机制更加多样。因此,本章对CFRP X形夹层结构、双箭头拉胀夹层结构和内凹蜂窝夹层结构的局部冲击性能开展了实验、理论和数值仿真研究,揭示了复合材料 X形夹层结构、双箭头拉胀夹层结构和内凹蜂窝夹层结构在局部冲击载荷作用下的动态响应和能量耗散机理。

5.1 夹层结构局部冲击理论预报

本节建立了复合材料 X形夹层结构的动态冲击响应理论预报模型。复合材料 X形夹层结构的力学性能具有以下特点:

(1)夹层结构的面内横向压缩刚度较小,可忽略不计;

(2)夹层的面外剪切刚度 A_cG_c 远小于弯曲刚度 D_b,夹层主要产生剪切变形;

(3)夹层的抗剪强度相对其压缩强度较弱,因此,直接冲击区域以外的夹层只发生剪切失效,而不发生压缩失效。

理论模型考虑泡沫弹体冲击 X形夹层结构中央的单胞,将复合材料夹层结构在局部冲击载荷作用下的运动和变形过程分为如图 5-1所示的3个阶段:

(1)夹层局部压缩;

(2)夹层结构弯曲/剪切波传播;

(3)夹层结构整体拉伸响应。

第1阶段由泡沫弹接触前面板开始,在前后面板达到相同运动速度或夹层压缩破坏时结束。紧接第1阶段,结构的整体响应开始。在第2阶段中,夹层结构的弯曲/剪切波由撞击中心向固定端传播,在弯曲/剪切波到达边界时,该阶段结束。在最后一阶段,夹层结构在冲击力作用下持续大变形响应,面板拉伸直至最大挠度或断裂失效。图 5-1中 H 和 I_c 表示夹层厚度和长度,l_0、R_1、v_D、S 分别表示泡沫弹高度、半径、速度和致密化区域厚度,ξ 表示泡沫弹边缘至夹层结构边缘距离。

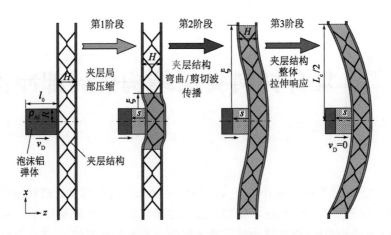

图 5-1　理论模型中考虑的 X 形夹层结构局部冲击响应的三个阶段示意图

5.1.1　第 1 阶段：夹层结构局部压缩

当泡沫弹与夹层结构前面板碰撞时,在泡沫弹中产生了塑性压缩波,在 X 形夹层中产生了弹性压缩波。考虑该阶段应力波仅影响弹体正下方的夹层单胞,不会造成夹层结构的整体响应。泡沫弹的响应采用刚塑性本构模型表征,CFRP 夹层在其脆性失效前一直处于线弹性状态。假设在碰撞后,泡沫弹的塑性变形区域会直接达到致密化,并与前面板粘接在一起,以相同速度 v_f 运动。泡沫弹中的塑性波以速度 c_p 向弹体尾端传递,未致密化的部分保持速度 v_D 向下运动。泡沫弹塑性波前的应力为:

$$\sigma_i - \sigma_Y = -\rho_A c_p (v_f - v_D) \tag{5-1}$$

式中：σ_Y——泡沫弹的屈服应力,MPa；

　　　σ_i——泡沫弹的致密化区域应力,MPa；

　　　ρ_A——泡沫弹的密度,kg/m³。

塑性波波速 c_p 可由式(5-2)计算：

$$c_p = (v_D - v_f)/\varepsilon_D \tag{5-2}$$

式中：ε_D——泡沫弹的致密化应变。

根据牛顿第二定律,泡沫弹致密化区和弹性区的应力平衡方程分别为：

$$\rho_A s \dot{v}_f + p_f = \sigma_i \tag{5-3}$$

$$\rho_A (l_0 - s) \dot{v}_D = -\sigma_Y \tag{5-4}$$

式中：s——弹体致密化区域的长度,m；

　　　$\dot{v}_f$——作用在夹层结构前面板的加速度,m/s²；

　　　p_f——作用在夹层结构前面板的压力,MPa；

　　　$\dot{v}_D$——泡沫弹的弹性区域加速度,m/s²。

同理,根据前后面板的动态应力平衡条件,可得：

$$\rho_f t_f \dot{v}_f = p_f - p_u \tag{5-5}$$

$$\rho_f t_f \dot{v}_b = p_b \tag{5-6}$$

式中：t_f——前面板的厚度，m；

　　　$\dot{v}_b$——夹层结构后面板的加速度，m/s²；

　　　p_u——作用在夹层前面板背侧的压力，MPa；

　　　p_b——作用在夹层后面板的压力，MPa。

在第1阶段，夹层处于小变形线弹性阶段，应力波在复合材料X形夹层内以一维弹性波形式传播，不同时刻作用在前后面板上的应力如下：

当 $0 \le t \le \tau$ 时

$$\left. \begin{array}{l} p_u(t) = \rho_c c_c v_f(t) \\ p_b(t) = 0 \end{array} \right\} \tag{5-7}$$

当 $\tau \le t \le 2\tau$ 时

$$\left. \begin{array}{l} p_u(t) = \rho_c c_c v_f(t) \\ p_b(t) = 2\rho_c c_c v_f(t-\tau) - \rho_c c_c v_b(t) \end{array} \right\} \tag{5-8}$$

当 $t \ge 2\tau$ 时

$$\left. \begin{array}{l} p_u(t) = \rho_c c_c v_f(t) + p_b(t-\tau) - \rho_c c_c v_b(t-\tau) \\ p_b(t) = 2\rho_c c_c v_f(t-\tau) - \rho_c c_c v_b(t) \end{array} \right\} \tag{5-9}$$

式中：τ——弹性波从夹层前端传播到后端所需的时间，$\tau = H/c_c$，s；

　　　c_c——夹层的等效应力波波速，$c_c = \sqrt{E_z / \rho_c}$ (m/s)，其中，E_z 为夹层z向弹性模量，MPa；

　　　ρ_c——夹层密度，kg/m³。

将前后面板所受的应力 $p_u(t)$ 和 $p_b(t)$ [式(5-7)至式(5-9)]代入式(5-5)中，可得前面板的加速度 $\dot{v}_f$ 为：

$$\left. \begin{array}{ll} \dot{v}_f(t) = \dfrac{\sigma_Y \varepsilon_D + \rho_A [v_D(t) - v_f(t)]^2 - \rho_c c_c v_f(t) \varepsilon_D}{(\rho_A s + \rho_f t_f)\varepsilon_D} & (0 \le t \le 2\tau) \\[4mm] \dot{v}_f(t) = \dfrac{\sigma_Y \varepsilon_D + \rho_A [v_D(t) - v_f(t)]^2 - \rho_c c_c [v_f(t) + 2v_f(t-2\tau) - 2v_b(t-\tau)]\varepsilon_D}{(\rho_A s + \rho_f t_f)\varepsilon_D} & (t \ge 2\tau) \end{array} \right\}$$

$$\tag{5-10}$$

同理，背面板的加速度 $\dot{v}_b$ 可由式(5-11)计算：

$$\left. \begin{array}{ll} \dot{v}_b(t) = 0 & (0 \le t \le \tau) \\[3mm] \dot{v}_b(t) = \dfrac{2\rho_c c_c v_f(t-\tau) - \rho_c c_c v_b(t)}{\rho_f t_f} & (t \ge \tau) \end{array} \right\} \tag{5-11}$$

泡沫弹的弹性区域加速度 $\dot{v}_D$ 可以由式(5-4)计算。分别对式(5-4)、式(5-10)和式(5-11)给出的撞击部位前面板、后面板和泡沫弹弹性区域的加速度 $\dot{v}_f$ 和 $\dot{v}_b$，$\dot{v}_D$ 进行数值积分，可以

获得对应的速度 v_f 和 v_b, v_D 及位移 w_f 和 w_b, w_D。

下面讨论一下第 1 阶段夹层压缩失效判断标准。

在第 1 阶段，作用在前面板上的压力 $p_u(t)$ 可能会导致夹层的压溃。由式(5-7)~式(5-9)可知，在弹体撞击前面板的初始阶段 $t \leqslant 2\tau$，压力会快速达到最大值，当压力值满足式(5-12)则可以认为夹层被压溃：

$$p_u(t) > \sigma_z(\dot{\varepsilon}_c) \tag{5-12}$$

式中：$\sigma_z(\dot{\varepsilon}_c)$——不同应变率 $\dot{\varepsilon}_c$ 下的夹层压缩强度，MPa。

在应力波传播过程中，夹层内部的应变率不均匀且难以估计。因此，本章采用式(5-13)估算夹层的平均应变率：

$$\dot{\varepsilon}_c(t) = (w_f - w_b)/ht \tag{5-13}$$

式中：w_f——前面板位移，m；

　　　w_b——后面板位移，m；

　　　h——夹层高度，m；

　　　t——压缩时间，s。

对于 CFRP X 形夹层结构，由动态压缩实验发现其夹层在 $310 \sim 560 s^{-1}$ 的应变率范围内压缩强度的平均强化比例为 1.82。

根据式(5-12)给出的判断标准，第 1 阶段局部压缩响应可以分为如下两种情况：

(1)P.1.A 夹层未发生压缩失效。

当 $p_u(t) < \sigma_z(\dot{\varepsilon}_c)$ 时，认为夹层没有发生压溃失效，夹层一直保持弹性变形状态，应力波在夹层内来回传播几次后，夹层与前面板、后面板以及泡沫弹的塑性区域达到同一运动速度 v_s，如图 5-2b)所示，此时第 1 阶段结束，进入第 2 阶段。

(2)P.1.B 夹层压缩失效。

若冲击力较大，满足 $p_u(t) > \sigma_z(\dot{\varepsilon}_c)$ 时，夹层发生了压溃失效，如图 5-2c)所示，在失效发生时，认为第 1 阶段结束。此时，前面板和泡沫弹塑性区一同以速度 v_f 运动，而背面板以速度 $v_b(<v_f)$ 进入第 2 阶段，夹层开始压陷，同时凹陷区域由撞击中心向梁两侧扩张。

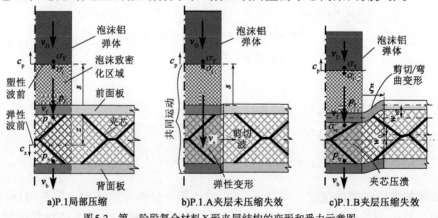

a)P.1 局部压缩　　　　b)P.1.A 夹层未压缩失效　　　　c)P.1.B 夹层压缩失效

图 5-2　第一阶段复合材料 X 形夹层结构的变形和受力示意图

5.1.2　第2阶段：夹层结构弯曲/剪切波传播

由于第 1 阶段的持续时间很短，因此在第 2 阶段开始时，夹层结构的整体变形可以忽略。第 2 阶段需要分别考虑夹层是否压溃的两种情况，对整体弯曲/剪切变形响应进行建模和分析。

5.1.2.1　夹层未压溃情况下的整体响应

夹层未压溃情况下，复合材料夹层结构的变形和受力示意图如图 5-3a)所示。在该阶段，夹层结构中央撞击区域与泡沫弹塑性区以速度 v_s 共同运动，产生了由中心向固定端传播的弯曲/剪切波。夹层结构的弯曲/剪切变形挠曲线 $w(x,t)$ 可通过满足边界条件的轴对称指数形式函数近似表示，表达式如下：

$$w(x,t) = w_0(t)\left[2\left(\frac{x}{\xi}\right)^2 \ln\left(\frac{x}{\xi}\right) + 1 - \left(\frac{x}{\xi}\right)^2\right] \tag{5-14}$$

式中：$w_0(t)$——夹层结构中央撞击区域的挠度，m；

ξ——弯曲波前到撞击区边缘的距离，m。

复合材料夹层结构的总挠度为梁弯曲变形和夹层剪切变形的叠加。

如图 5-3b)所示，X 形夹层的剪切变形 γ_c 为：

$$\gamma_c = (1 - \lambda)\frac{\partial w(x,t)}{\partial x} \tag{5-15}$$

式中：λ——系数参数，取决于夹层结构弯曲刚度与夹层剪切刚度之比，其取值范围为 $-t_f/h \sim$

1[46]。当 $\lambda = -t_f/h$ 时，表明夹层结构的夹层剪切刚度为 0，当 $\lambda = 1$ 时，表明夹层不会发生剪切变形。

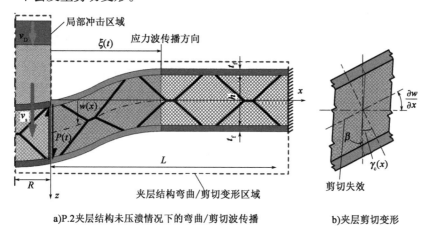

a)P.2夹层结构未压溃情况下的弯曲/剪切波传播　　　　b)夹层剪切变形

图 5-3　第 2 阶段复合材料 X 形夹层结构的变形和受力示意图

夹层结构上的弯曲波在 $0 \leqslant \xi \leqslant L$ 范围内传播时，夹层结构各部分的应变能可分别由式(5-16)计算。

（1）前面板应变能（U_f）。

$$U_f = \frac{E_f c t_f}{8} \int_0^\xi \left[-(h + t_f) \frac{\partial^2 w}{\partial x^2} + h \frac{\partial \gamma_c}{\partial x} + \left(\frac{\partial w}{\partial x} \right)^2 \right]^2 dx + \frac{E_f c t_f^3}{24} \int_0^\xi \left(\frac{\partial^2 w}{\partial x^2} \right)^2 dx \quad (5\text{-}16)$$

式中：E_f——前面板的等效弯曲模量，MPa；

U_f——前面板应变能，J；

t_f——前面板厚度，m；

w——z 方向变形，m；

c——梁的宽度，m。

式（5-16）第一项表示大变形状态下面板的膜应变能，第二项为面板局部弯曲应变能。

（2）背面板应变能（U_b）。

$$U_b = \frac{E_f c t_f}{8} \int_0^\xi \left[(h + t_f) \frac{\partial^2 w}{\partial x^2} - h \frac{\partial \gamma_c}{\partial x} + \left(\frac{\partial w}{\partial x} \right)^2 \right]^2 dx + \frac{E_f c t_f^3}{24} \int_0^\xi \left(\frac{\partial^2 w}{\partial x^2} \right)^2 dx \quad (5\text{-}17)$$

（3）夹层应变能（U_c）。

$$U_c = \frac{G_c c h}{2} \int_0^\xi \gamma_c^2 dx + \frac{E_x c h^3}{24} \int_0^\xi \left(\frac{\partial^2 w}{\partial x^2} - \frac{\partial \gamma_c}{\partial x} \right)^2 dx \quad (5\text{-}18)$$

夹层结构的总应变能 U 为上述 3 项 U_f、U_b 和 U_c 之和，即：

$$U = \frac{E_f c t_f}{8} \int_0^\xi \left[\left(\frac{\partial w}{\partial x} \right)^2 + (h + t_f) \frac{\partial^2 w}{\partial x^2} - h \frac{\partial \gamma_c}{\partial x} \right]^2 dx +$$

$$\frac{E_f c t_f}{8} \int_0^\xi \left[\left(\frac{\partial w}{\partial x} \right)^2 - (h + t_f) \frac{\partial^2 w}{\partial x^2} + h \frac{\partial \gamma_c}{\partial x} \right]^2 dx + \frac{E_f c t_f^3}{12} \int_0^\xi \left(\frac{\partial^2 w}{\partial x^2} \right)^2 dx +$$

$$\frac{G_c c h}{2} \int_0^\xi \gamma_c^2 dx + \frac{E_x c h^3}{24} \int_0^\xi \left(\frac{\partial^2 w}{\partial x^2} - \frac{\partial \gamma_c}{\partial x} \right)^2 dx \quad (5\text{-}19)$$

将式（5-15）给出的夹层剪切变形 γ_c 代入式（5-19）可得结构总应变能为：

$$U = \frac{E_f c t_f}{4} \int_0^\xi \left(\frac{\partial w}{\partial x} \right)^4 dx + \frac{E_f c t_f}{4} \int_0^\xi \left[(h\lambda + t_f) \frac{\partial^2 w}{\partial x^2} + h \frac{\partial \lambda}{\partial x} \frac{\partial w}{\partial x} \right]^2 dx +$$

$$\frac{E_f c t_f^3}{12} \int_0^\xi \left(\frac{\partial^2 w}{\partial x^2} \right)^2 dx + \frac{G_c c h}{2} \int_0^\xi (1 - \lambda)^2 \left(\frac{\partial w}{\partial x} \right)^2 dx +$$

$$\frac{E_x c h^3}{24} \int_0^\xi \left(\lambda \frac{\partial^2 w}{\partial x^2} + \frac{\partial \lambda}{\partial x} \frac{\partial w}{\partial x} \right)^2 dx \quad (5\text{-}20)$$

式中：U_b——背面板应变能，J；

U_c——夹层应变能，J；

G_c——夹层剪切模量，MPa。

式（5-20）等号右侧第一项是面板发生大变形时的膜拉伸应变能；第二项是夹层结构的整体弯曲应变能；第三项是产生前后面板的局部弯曲应变能之和；第四项是弹性变形范围内的夹层剪切应变能；最后一项是夹层的弯曲应变能，由于空心 X 形夹层的面内横向压缩刚度为0(即$E_x = 0$),该项可忽略。

在第2阶段内,夹层结构的动能T可按式(5-21)计算:

$$T = \frac{1}{2} c\rho H \int_0^\xi \left(\frac{\partial w}{\partial t}\right)^2 \mathrm{d}x \tag{5-21}$$

其中夹层结构的速度分布$\partial w/\partial t$为:

$$\frac{\partial w}{\partial t} = \dot{w}_0 \left[2\left(\frac{x}{\xi}\right)^2 \ln\left(\frac{x}{\xi}\right) + 1 - \left(\frac{x}{\xi}\right)^2 \right] - w_0 \left[\frac{4x^2}{\xi^3} \ln\left(\frac{x}{\xi}\right) \right] \dot{\xi} \tag{5-22}$$

对夹层结构的弯曲/剪切波经过区段列出拉格朗日方程:

$$\frac{\mathrm{d}}{\mathrm{d}t}\left(\frac{\partial \Pi}{\partial \dot{w}_0}\right) - \frac{\partial \Pi}{\partial w_0} = P(t) \tag{5-23}$$

系数$\Pi = T - U$,可由式(5-20)和式(5-21)计算,广义力$P(t)$为撞击区域对梁的作用力,如图5-3a)所示。

当泡沫弹中塑性波还在传递(即$c_p > 0$)时,广义力$P(t)$可由式(5-24)计算:

$$P = \frac{\sigma_Y \varepsilon_D + \rho_A (v_D - \dot{w}_0)^2 - \ddot{w}_0 (\rho_A s + \rho H) \varepsilon_D}{\varepsilon_D / (cR)} \tag{5-24}$$

式中:$\dot{w}_0$——局部压缩区域的共同运动速度,$\dot{w}_0 = v_s$,m/s;

$\ddot{w}_0$——$\dot{w}_0$对应的加速度,m/s²;

R——冲击区域宽度的1/2,m。

而当泡沫弹中塑性波停止传递时,泡沫弹整体将以同一速度运动,即满足$v_D = \dot{w}_0$,此时广义力$P(t)$为:

$$P = -\ddot{w}_0 (\rho_A l_0 + \rho H) cR \tag{5-25}$$

通过求解拉格朗日方程式(5-23),可获得该单自由度系统的加速度$\ddot{w}_0$,进而计算夹层结构的动态变形响应,具体算法如下所述:

由于本节研究的CFRP X形夹层结构的抗剪强度弱且失效应变小,冲击载荷产生的剪切波使夹层易于发生如图5-3b)所示的剪切破坏。夹层结构在达到较小的失效应变后,夹层剪切应力快速降低,并维持一段较长时间的平台应力阶段,平台应力的平均值记为τ_c,是夹层初始剪切失效后的残余承载能力,随着夹层内裂纹的扩展,结构会发生最终失效。假设夹层剪切损伤程度沿梁长度方向线性分布,最靠近冲击区域的夹层完全失效,在弯曲波前沿的部分则未受损伤,因此,式(5-15)中的参数λ可以假设为:

$$\lambda(x) = \frac{\varphi + t_f/h}{\xi} x - \frac{t_f}{h} \tag{5-26}$$

参数φ由Allen等[47]给出的夹层结构理论计算,其值为:

$$\varphi = \frac{1 - t_f/h \cdot \Omega_A}{1 + \Omega_A} \tag{5-27}$$

参数Ω_A为:

$$\Omega_A = \frac{\pi^2 E_f h t_f}{2L_e^2 G_c} \tag{5-28}$$

可以看到,随着弯曲/剪切波的传播,夹层结构的有效跨距 L_e 由 0 增长到 L。当弯曲波传播距离很近,即有效跨距 L_e 很小时,参数 λ 会趋于 $-t/h$,表明此时夹层结构以夹层剪切变形为主,整体弯曲变形可以忽略不计。

对于本章的 X 形夹层,其弹性剪切能对总剪切应变能的贡献可以忽略,应力平台阶段内的夹层剪切应变能量 U_{cs} 通过以下公式计算:

$$U_{cs} = hc \int_0^{\xi} \tau_c \gamma_c \, dx \tag{5-29}$$

式中:U_{cs}——夹层剪切应变能,J;

$\qquad h$——夹层厚度,m;

$\qquad c$——夹层宽度,m。

将式(5-26)和式(5-29)代入式(5-20)可以获得考虑复合材料夹层剪切失效的夹层结构应变能 U。随后,式(5-21)给出的拉格朗日方程经过化简可以写为:

$$[0.3128c\rho H\xi + (\rho_A s + \rho H)cR]\ddot{w}_0$$

$$= \sigma_Y cR + \frac{\rho_A(v_D - \dot{w}_0)^2 cR}{\varepsilon_D} - \frac{1.96608 E_f ct_f w_0^3}{\xi^3} - \frac{ch\tau_c}{4}\left(4 + \frac{3t_f}{h} - \varphi\right) - 0.1564c\rho H w_0 \ddot{\xi} +$$

$$c\rho H\left(\frac{32 w_0 \dot{\xi}^2}{125\xi} + \frac{176\dot{w}_0\dot{\xi}}{1125} - 0.4692\dot{w}_0\dot{\xi}\right) - \frac{E_f ct_f w_0}{2\xi^3}\left[1.664\left(\varphi + \frac{t_f}{h}\right)^2 h^2 + \frac{16}{3}t_f^2\right] -$$

$$\frac{E_c ch^3 w_0}{12\xi^3}\left[4.736\varphi^2 + 12.44\left(\frac{t_f}{h}\right)^2 + 1.1757\varphi\frac{t_f}{h}\right] \tag{5-30}$$

为了计算式(5-30)中的弯曲波前传播距离 ξ 及其对应的速度 $\dot{\xi}$ 和加速度 $\ddot{\xi}$,需要使用系统的动量守恒方程,即:

$$I_{P1} = \frac{4c\rho H}{9}(\dot{w}_0\xi + w_0\dot{\xi}) + (\rho_A s + \rho H)cR\dot{w}_0 + \rho_A(l_0 - s)cR v_D \tag{5-31}$$

式中:I_{P1}——第 1 阶段结束时泡沫弹和局部撞击区域的初始动量之和。

将梁中点挠度 w_0、梁中点速度 $\dot{w}_0$、泡沫弹速度 v_D 和系统初始动量 I_{P1} 代入方程组式(5-30)与式(5-31)求解,可以得到梁中点自由度的加速度 $\ddot{w}_0$,随后通过积分可以获得对应的速度和挠度历程。

第 2 阶段夹层失效判断标准:随着梁的变形增加,面板拉伸应变增大,可能会发生拉伸断裂。在第 2 阶段,面板断裂最容易出现在应变最大的背面板,背面板应变按式(5-32)计算:

$$\varepsilon_r(x,z) = \frac{1}{2}\left(\frac{\partial w}{\partial x}\right)^2 - z\frac{\partial^2 w}{\partial x^2} + \frac{h}{2}\frac{\partial \gamma_c}{\partial x} \qquad \left(\frac{h}{2} \leq z \leq \frac{H}{2}\right) \tag{5-32}$$

当面板的最大应变 $\varepsilon_{rmax}(z = H/2)$ 满足式(5-33)时,夹层结构断裂失效,有:

$$(\varepsilon_{rmax}/\varepsilon_T)^2 \geq 1 \tag{5-33}$$

式中:ε_T——面板材料的断裂应变。

如果面板没有发生断裂失效,夹层结构的第 2 阶段响应会在弯曲/剪切波到达边界时结束,并进入第3阶段。

5.1.2.2　夹层压溃后的整体响应

如果第1阶段结束时X形夹层发生了压溃失效,则第2阶段X形夹层会出现压陷变形,如图5-4所示,在压陷停止前,前、后面板的运动速度不同。随后,夹层结构的局部压陷边界 ξ_c 和整体弯曲/剪切波传播边界 ξ 同时向固定端扩展。对于有纤维增强的夹层结构,压陷区域扩展会受到面芯连接节点的阻碍从而停止,压陷区域的最大扩展距离为 $\xi_{c\max}$。对于复合材料X形夹层结构, $\xi_{c\max}$ 为冲击区域边缘到右侧的面芯连接节点(即图5-4中最接近C点的面芯节点)的距离。

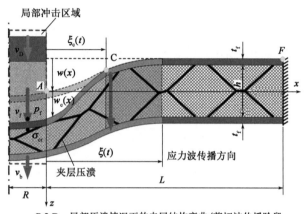

P.2.B　局部压溃情况下的夹层结构弯曲/剪切波传播阶段

图5-4　第2阶段复合材料夹层结构的变形和受力示意图(夹层压溃情况下的整体弯曲/剪切响应)

在夹层局部压陷扩展抵达边界前,假设其扩展距离满足 $\xi(t) = \xi_c(t)$。前、后面板的挠曲线方程可以分别设为:

$$w_f(x,t) = w_{f0}(t)\left[2\left(\frac{x}{\xi_c}\right)^2 \ln\left(\frac{x}{\xi_c}\right) + 1 - \left(\frac{x}{\xi_c}\right)^2\right] \tag{5-34}$$

$$w_b(x,t) = w_{b0}(t)\left[2\left(\frac{x}{\xi_c}\right)^2 \ln\left(\frac{x}{\xi_c}\right) + 1 - \left(\frac{x}{\xi_c}\right)^2\right] \tag{5-35}$$

式中: w_{f0}, w_{b0}——梁前、后面板中央冲击区域的位移,mm。

对于本章研究的X形夹层单胞,由于压陷区域的最大扩展距离 $\xi_{c\max}$ 很小,式(5-27)中的参数 φ 将趋于0,表明该阶段夹层结构的变形以夹层剪切变形为主。夹层剪切应变可以被简化为 $\gamma_c = (t_f/h)(\partial w_b/\partial x)$。则式(5-20)给出的夹层结构系统应变能可以写为:

$$U = \frac{E_f c t_f}{8}\int_0^{\xi_c}\left(\frac{\partial w_f}{\partial x}\right)^4 dx + \frac{E_f c t_f}{8}\int_0^{\xi_c}\left(\frac{\partial w_b}{\partial x}\right)^4 dx +$$
$$hc\int_0^{\xi_c}\tau_c\gamma_c dx + \sigma_{cr}c\int_0^{\xi_c}(w_f - w_b)dx + \sigma_{cr}c(w_{f0} - w_{b0})R \tag{5-36}$$

式中: σ_{cr}——夹层压溃后的残余应力,MPa。

根据3.1节的实验方法,通过实验测得本节中空心夹层X-8和X-12的压缩残余应力 σ_{cr}

为0MPa，泡沫填充夹层XF-8和XF-12的压缩残余应力为3.0MPa。空心夹层的致密化应变ε_{cd}为0.33，泡沫填充夹层的致密化应变为0.30。致密化应变较小是因为在动态载荷下，夹层前部腹板会压溃，但是后半单胞没有失效，剩余的冲击力通常无法再破坏后半单胞，所以当一半单胞致密化后，即认为夹层整体致密化。

假设面板的速度沿梁长度方向线性分布，如下所示：

$$\dot{w}_f(x) = \dot{w}_{f0}(1 - x/\xi_c) \tag{5-37}$$

$$\dot{w}_b(x) = \dot{w}_{b0}(1 - x/\xi_c) \tag{5-38}$$

夹层结构的系统动能T可以写成：

$$T = \frac{1}{2}\left[\rho_f t_f + (w_{f0} - w_{b0})\rho_c\right]Rc\dot{w}_{f0}^2 + \frac{1}{2}\left[\rho_f t_f + h\rho_c - (w_{f0} - w_{b0})\rho_c\right]Rc\dot{w}_{b0}^2 +$$

$$\frac{c}{2}\int_0^{\xi_c}\left[\rho_f t_f + (w_f - w_b)\rho_c\right]\dot{w}_f^2 dx + \frac{c}{2}\int_0^{\xi_c}\left[\rho_f t_f + h\rho_c - (w_f - w_b)\rho_c\right]\dot{w}_b^2 dx \tag{5-39}$$

夹层结构的动态响应可被简化为具有两个自由度w_{f0}和w_{b0}的系统，相应的拉格朗日方程为：

$$\frac{d}{dt}\left(\frac{\partial \Pi}{\partial \dot{w}_{f0}}\right) - \frac{\partial \Pi}{\partial w_{f0}} = P_f \tag{5-40}$$

$$\frac{d}{dt}\left(\frac{\partial \Pi}{\partial \dot{w}_{b0}}\right) - \frac{\partial \Pi}{\partial w_{b0}} = 0 \tag{5-41}$$

广义力P_f为泡沫弹施加在前面板上合力的一半，可按式(5-42)计算：

$$P_f = \left[\sigma_Y + \rho_A \frac{(v_D - \dot{w}_{f0})^2}{\varepsilon_D} - \rho_A s\ddot{w}_{f0}\right]cR \tag{5-42}$$

将式(5-36)给出的系统应变能、式(5-39)给出的系统动能和式(5-42)给出的广义力代入式(5-40)与式(5-41)，可得系统的拉格朗日方程分别为：

$$c\left[\rho_f t_f(R + \xi_c/3) + \rho_c(R + 0.247778\xi_c)(w_{f0} - w_{b0}) + \rho_A sR\right]\ddot{w}_{f0}$$

$$= \left[\sigma_Y + \rho_A \frac{(v_D - \dot{w}_{f0})^2}{\varepsilon_D}\right]R - c\left\{\begin{array}{l}\rho_f t_f\dot{\xi}_c/3 + 0.247778\dot{\xi}_c\rho_c(w_{f0} - w_{b0}) \\ +(R + 0.247778\xi_c)\rho_c(\dot{w}_{f0} - \dot{w}_{b0})\end{array}\right\}\dot{w}_{f0} +$$

$$\frac{c}{2}\rho_c(R + 0.247778\xi_c)(\dot{w}_{f0}^2 - \dot{w}_{b0}^2) -$$

$$\frac{1.96608E_f c t_f}{2}\frac{w_{f0}^3}{\xi_c^3} - \frac{4\sigma_{cr}c\xi_c}{9}\left[\sigma_Y + \rho_A\frac{(v_D - \dot{w}_{f0})^2}{\varepsilon_D}\right]cR \tag{5-43}$$

$$c\left[\rho_f t_f(R + \xi_c/3) + \rho_c h(R + \xi_c/3) - \rho_c(R + 0.247778\xi_c)(w_{f0} - w_{b0})\right]\ddot{w}_{b0}$$

$$= \frac{4\sigma_{cr}c\xi_c}{9} - c\left\{\begin{array}{l}(\rho_f t_f + \rho_c h)\dot{\xi}_c/3 - 0.247778\dot{\xi}_c\rho_c(w_{f0} - w_{b0}) \\ -(R + 0.247778\xi_c)\rho_c(\dot{w}_{f0} - \dot{w}_{b0})\end{array}\right\}\dot{w}_{b0} -$$

$$\frac{c}{2}\rho_c(R + 0.247778\xi_c)(\dot{w}_{f0}^2 - \dot{w}_{b0}^2) - \frac{1.96608E_f c t_f}{2}\frac{w_{b0}^3}{\xi_c^3} - \frac{3ch\tau_c}{4} \tag{5-44}$$

式中压陷区域边界传播距离 ξ_c 利用梁的动量守恒定律求解,夹层结构的动量为:

$$I_{P1} = \rho_A s Rc\dot{w}_{f0} + \rho_A(l_0 - s)Rcv_D +$$
$$[\rho_f t_f + (w_{f0} - w_{b0})\rho_c]Rc\dot{w}_{f0} + [\rho_f t_f + h\rho_c - (w_{f0} - w_{b0})\rho_c]Rc\dot{w}_{b0} +$$
$$c\int_0^{\xi_c}[\rho_f t_f + (w_f - w_b)\rho_c]\dot{w}_f dx + c\int_0^{\xi_c}[\rho_f t_f + h\rho_c - (w_f - w_b)\rho_c]\dot{w}_b \tag{5-45}$$

通过式(5-45)可得 ξ_c 的表达式为:

$$\xi_c = \frac{I_{P1} - \rho_A s Rc\dot{w}_{f0} + \rho_A(l_0 - s)Rcv_D + [\rho_f t_f + (w_{f0} - w_{b0})\rho_c]Rc\dot{w}_{f0} + [\rho_f t_f + h\rho_c - (w_{f0} - w_{b0})\rho_c]Rc\dot{w}_{b0}}{[\rho_f t_f/2 + 23\rho_c(w_{f0} - w_{b0})/72]c\dot{w}_{f0} + [(\rho_f t_f + h\rho_c)/2 - 23\rho_c(w_{f0} - w_{b0})/72]c\dot{w}_{b0}}$$
$$\tag{5-46}$$

式中: I_{P1} ——第1阶段结束时系统的总动量。

求解式(5-43)与式(5-44)给出的拉格朗日方程,可以得到加速度 $\ddot{w}_{f0}$ 和 $\ddot{w}_{b0}$,并通过数值方法获得夹层结构的形变历程。当夹层的残余或塑性压缩应力较小时,计算得到的加速度 $\ddot{w}_{b0}$ 可能为负值,这表明压溃的夹层无法传递足够的压力驱使背面板运动。

$$\varepsilon_f = \frac{1}{2}\left(\frac{\partial w_f}{\partial x}\right)^2 \approx \frac{w_{f0}^2}{2\xi_c^2} \tag{5-47}$$

若满足前面板断裂条件 $\varepsilon_f \geq \varepsilon_T$,夹层结构前面板失去承载能力。随着压陷的持续进行,会出现以下两种情况:

(1)压陷区域的扩张距离达到边界,即 $\xi_c = \xi_{c\max}$ 。

(2)冲击区域夹层压陷达到致密化状态,即 $w_{f0} - w_{b0} > h\varepsilon_{cd}$ 。

当发生上述两种情况时,压陷将停止,假设随后冲击区域将以相同的速度 v_s 运动。需要指出的是,若前面板发生了断裂失效,则只有当夹层压陷达到致密化状态时(即 $w_{c0} = \varepsilon_{cd}h$),压陷才会停止。

压陷停止后,系统的运动即可简化为前节所述的单自由度系统响应,式(5-30)给出的拉格朗日方程可改写为如下形式:

$$\left[\frac{352c\rho H\xi}{1125} + (\rho_A s + \rho H)R\right]\ddot{w}_0$$
$$= \sigma_Y cR + \frac{\rho_A(v_D - \dot{w}_0)^2 cR}{\varepsilon_D} + c\rho H\left(\frac{32w_0^2\dot{\xi}^2}{125\xi} - \frac{352\dot{w}_0\dot{\xi}}{1125} - \frac{176w_0\ddot{\xi}}{1125}\right) -$$
$$\frac{1.96608E_f ct_f w_0^3}{\xi^3} - \frac{3ch\tau_c}{4} - \frac{8E_f ct_f^3 w_0}{3\xi^3} - \frac{E_f ct_f[\kappa(w_0\kappa - w_{c0})^3 - (\kappa - 1)^4 w_0^3]}{2\xi_c^3} \tag{5-48}$$

式中: κ ——系数参数, $\kappa = [2(\xi_{c\max}/\xi)^2\ln(\xi_{c\max}/\xi) + 1 - (\xi_{c\max}/\xi)^2]$;

w_{c0} ——冲击区域夹层压陷位移, $w_{c0} = w_{f0} - w_{b0}$ 。

式(5-48)最后一项表示夹层压陷区域对前面板变形的贡献。由于压陷区域范围很小,面板的整体弯曲应变能可以忽略不计。当夹层结构上的弯曲/剪切波抵达固定端边界,第2阶段结束,进入第3阶段。

5.1.3　第3阶段:夹层结构整体拉伸响应

第3阶段由梁的整体弯曲/剪切波到达固定端时开始。由于相对较小的变形,背面板在第2阶段通常不会断裂,然而,由于X形夹层的抗剪能力较弱,最靠近冲击区域的夹层会出现如图5-5所示的贯穿剪切裂缝。贯穿夹层的裂纹会诱使背面板与夹层的分层失效。背面板的面芯分层使得背面板主要承受拉伸应力,而夹层残余的弯曲和剪切刚度只能对前面板的刚度起到增强作用。

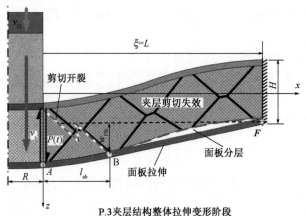

图5-5　第3阶段:X形夹层结构整体拉伸响应的变形和受力示意图

在冲击载荷作用下,复合材料夹层结构的面芯分层是最常见的失效模式之一。在本章的理论模型中,假设在第2阶段结束时X形夹层结构背面板的面芯已经分层。因此,第3阶段开始时,X形夹层结构的状态已经达到如图5-5所示的情况。此时,前面板的挠曲线方程可以表示为:

$$w_{\mathrm{f}}(x,t) = w_0(t)\left[2\left(\frac{x}{L}\right)^2 \ln\left(\frac{x}{L}\right) + 1 - \left(\frac{x}{L}\right)^2 \right] \tag{5-49}$$

即为式(5-14)在 $\xi = L$ 情况下的特殊形式。背面板的变形则可分为两段:AB和BF,其挠曲线方程分别假设为两条直线段,如下:

$$\left. \begin{aligned} w_{\mathrm{b}}(x,t) &= \frac{w_{\mathrm{PB}}(t) - w_0(t)}{l_{\mathrm{ab}}} x + w_0(t) & (0 \leq x \leq l_{\mathrm{ab}}) \\ w_{\mathrm{b}}(x,t) &= w_{\mathrm{PB}}(t)\frac{x - L}{l_{\mathrm{ab}} - L} & (l_{\mathrm{ab}} \leq x \leq L) \end{aligned} \right\} \tag{5-50}$$

式中: l_{ab}——背面板上夹层贯穿裂纹距离冲击区域边缘的距离,mm;

w_{PB}——B点的位移,其值与夹层AB段的残余刚度有关,令 $w_{\mathrm{PB}} = \eta w_0$,mm。

系数 η 的取值范围为 $1 \sim w_{\mathrm{f}}(l_{\mathrm{ab}},t)/w_0(t)$。假设AB段前、后面板挠度相同,即:

$$\eta = 2(l_{\mathrm{ab}}/L)^2 \ln(l_{\mathrm{ab}}/L) + 1 - (l_{\mathrm{ab}}/L)^2$$

在第3阶段,由于出现严重的面芯分层,夹层的剪切变形 $\gamma_{\mathrm{c}} \approx \partial w/\partial x$,梁的整体弯曲应变能可以忽略。此时夹层结构的总应变能可以表示为：

$$U = \frac{E_f c t_f}{8} \int_0^L \left(\frac{\partial w_f}{\partial x} \right)^4 dx + \frac{E_f c t_f}{8} \int_0^L \left(\frac{\partial w_b}{\partial x} \right)^4 dx + \frac{E_f c t_f^3}{24} \int_0^L \left(\frac{\partial^2 w_f}{\partial x^2} \right)^2 dx + hc \int_0^L \tau_c \gamma_c dx \quad (5\text{-}51)$$

假设第3阶段前、后面板上的速度沿梁长度方向线性分布，则夹层结构的总动能为：

$$T = \frac{1}{2} c(\rho_c h + \rho_f t_f) \int_0^L \left(\frac{\partial w_f}{\partial t} \right)^2 dx + \frac{1}{2} c\rho_f t_f \int_0^L \left(\frac{\partial w_b}{\partial t} \right)^2 dx \quad (5\text{-}52)$$

由式(5-51)与式(5-52)可得到系统的拉格朗日方程为：

$$\left[\frac{352c(\rho_c h + \rho_f t_f)L}{1125} + \frac{c\rho_f t_f (l_{ab} + \eta l_{ab} + \eta^2 L)}{3} + (\rho_A s + \rho H)Rc \right] \ddot{w}_0$$

$$= \frac{\sigma_Y \varepsilon_D + \rho_A (v_D - \dot{w}_0)^2}{\varepsilon_D/(Rc)} - \frac{1.96608 E_f c t_f w_0^3}{2L^3} - \frac{E_f c t_f w_0^3}{2} \left[\frac{(\eta - 1)^4}{l_{ab}^3} + \frac{\eta^4}{(L - l_{ab})^3} \right] -$$

$$\frac{4 E_f c t_f^3 w_0}{3L^3} - \frac{3ch\tau_c}{4} \quad (5\text{-}53)$$

若泡沫弹中的塑性波停止传播，即 $v_D = \dot{w}_0$ 时，式(5-53)可以简化为：

$$\left[\frac{352c(\rho_c h + \rho_f t_f)L}{1125} + \frac{c\rho_f t_f (l_{ab} + \eta l_{ab} + \eta^2 L)}{3} + (\rho_A l_0 + \rho H)Rc \right] \ddot{w}_0$$

$$= -\frac{1.96608 E_f c t_f w_0^3}{2L^3} - \frac{E_f c t_f w_0^3}{2} \left[\frac{(\eta - 1)^4}{l_{ab}^3} + \frac{\eta^4}{(L - l_{ab})^3} \right] - \frac{4 E_f c t_f^3 w_0}{3L^3} - \frac{3ch\tau_c}{4} \quad (5\text{-}54)$$

根据式(5-53)或式(5-54)的拉格朗日方程，可以用前文所述数值方法计算夹层结构中心的加速度 $\ddot{w}_0$、速度 $\dot{w}_0$ 和挠度 w_0。

第3阶段夹层面板失效判断标准：在第3阶段，背面板的断裂失效是夹层结构典型的灾难性失效模式，会导致结构完全丧失承载能力。梁发生大挠度变形时，背面板膜应变可以由式(5-55)计算：

$$\varepsilon_b = \frac{1}{2} \left(\frac{\partial w_b}{\partial x} \right)^2 = \frac{\eta^2 w_0^2}{2(L - l_{ab})^2} \quad (5\text{-}55)$$

当背面板应变 ε_b 满足条件 $\varepsilon_b \geq \varepsilon_T$ 时，判断面板出现断裂失效。可见，破坏时的挠度 w_0 主要受材料失效应变和梁跨度的影响。在实际情况中，由于固定端附近有较大的局部弯矩和应力集中，是最容易损坏的位置，而式(5-55)没有考虑到这些因素。此外，FRP层合板的断裂是一个渐进损伤过程，难以用理论公式精确预测。因此，本节在式(5-55)的基础上引入了安全系数来更好地评估结构承载能力，通过试算，本节采用0.5的安全系数，即 $\varepsilon_b \geq 0.5\varepsilon_T$ 时，则认为夹层背面板发生断裂失效。

在本节理论中，第3阶段响应会在夹层结构达到最大挠度(即 $\dot{w}_0 = 0$)，或背面板断裂(即

$\varepsilon_b \geq 0.5\varepsilon_T$)时结束。通过本章的理论模型,可以预报复合材料X形夹层结构在泡沫弹冲击载荷下,由初始局部压缩阶段至最大变形或断裂失效的动态响应历程。

5.2 夹层结构局部冲击实验

5.2.1 X形夹层结构局部冲击实验

本节冲击实验使用如图5-6a)所示的轻气炮装置加速铝制泡沫弹,通过控制不同初速度的泡沫弹冲击试样模拟不同强度爆炸冲击波的加载。如图5-6b)所示,夹层结构试样的端部用4个M8螺钉固定在一个钢制保护箱中,端部面板之间的空隙用厚度与夹层厚度相等的钢块支撑。实验使用的夹具和泡沫弹尺寸与相对位置示意图如图5-6c)所示。圆柱形闭孔泡沫铝弹的平均长度l_0和直径D分别为50.0mm和39.7mm,弹体的密度为300kg/m³,由于制备误差,每个泡沫弹的密度有微小的差别,实验前称量了每个弹体的具体密度。通过准静态压缩实验,铝制泡沫弹的准静态屈服强度为3.0MPa,致密化应变为0.58。实验前调整各个设备安装位置,使梁的中心与炮管轴线对齐,保证泡沫弹的撞击点位于试样的中心。

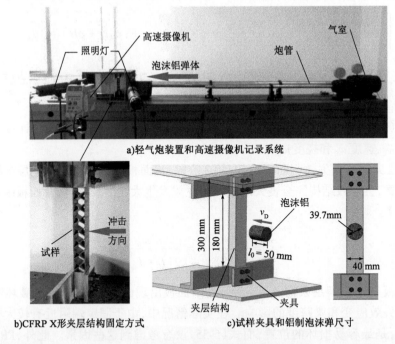

a)轻气炮装置和高速摄像机记录系统

b)CFRP X形夹层结构固定方式　　　c)试样夹具和铝制泡沫弹尺寸

图5-6　使用泡沫弹加载的夹层结构局部冲击实验

使用高速摄像机(型号为Photron FASTCAM SA-Z)拍摄试样在泡沫弹冲击下的动态响应图像。拍摄图像的分辨率为1024×688像素,采样频率为10000~30000fps,弹体冲击速度越快则拍摄频率越高。实验中,泡沫弹的初始冲击速度范围为54~249m/s,相对应的弹体单位面积初始冲量$I_0 = \rho_a l_0 v_D$在0.87kN·s/m^2至4.00kN·s/m^2之间,其中ρ_a表示弹体密度,v_D表示弹体速度。按照一定间隔,选择了5个不同的初始冲量大小的弹体对每种类型的样品进行了冲击实验。

不同试样中心挠度随时间变化的曲线w_0-t如图5-7所示。可以看到,试样的最大挠度和形变速率都随着冲击强度的增加而增加。在高强度冲击下断裂的试样,其挠度会持续上升,而未断裂试样的挠度在达到最大值后会缓慢回弹。以试样背面板最大挠度为标准,泡沫填充夹层结构XF-12具有最佳的抗冲击性能。在较低的冲击强度($I_0 \leqslant 1.7\text{kN·s/m}^2$)下,空心夹层结构的抗冲击性能最差;在较高的冲击强度($I_0 \geqslant 2.1\text{kN·s/m}^2$)下,等面密度层合板具有最小的最大挠度和更好的抗断裂性能。在相同冲击强度下,泡沫填充夹层结构的形变速率最低。随着夹层的相对密度增加,夹层结构的抗冲击性能有明显的提升。

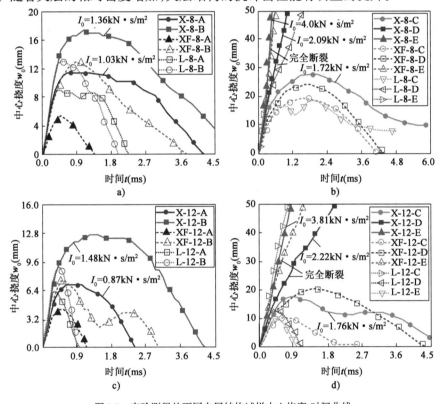

图5-7　实验测得的不同夹层结构试样中心挠度-时间曲线

从高速摄像机拍摄的图像中可以观察到泡沫弹冲击下夹层结构和层合板的变形和失效模式。如图5-8所示,显示了试样X-12-B、XF-12-B和L-12-B在低冲量($I_0 = 1.4\text{kN·s/m}^2$)泡沫弹冲击下的动态响应。可以看到,夹层结构均出现了剪切破坏,而等面密度层合梁没有可见的损伤。3种试样均没有出现面板断裂失效,且冲击区域的夹层也没有出现压溃失效。但是夹层结构的面板有明显的分层,该分层裂纹与贯穿夹层的剪切裂纹相连,可以发现面芯分层是由于夹层剪切分层裂纹扩展至面板上导致的。从最右侧的冲击后试样图片中可以看到泡沫填充夹层结构和层合梁都回弹至其初始位置,空心夹层结构的损伤最严重,无法恢复至原始位置。

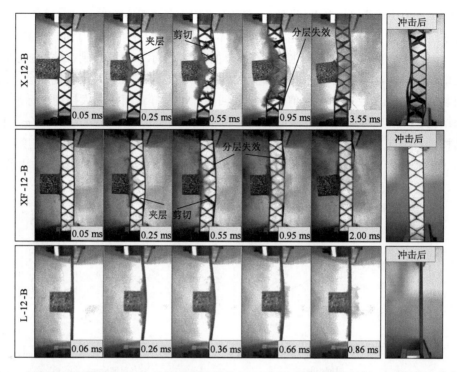

图5-8　复合材料夹层结构(X-12-B)、泡沫填充夹层结构(XF-12-B)和等面密度层合梁(L-12-B)在低初始冲量
$I_0 = 1.4\,\text{kN·s/m}^2$冲击下的变形过程和破坏模式

5.2.2　双箭头拉胀夹层结构局部冲击实验

实验所用的装置如图5-6a)所示。双箭头拉胀夹层结构(图5-9)两端通过螺栓固定在上下夹具上,同时为了确保结构在夹持过程中保持完整性,在复合材料双箭头拉胀夹层结构两端的夹层处放置了两个钢制铁块,并在对应位置开设通孔。结构试样受局部冲击载荷的圆形区域直径与泡沫铝弹体截面的直径相等,泡沫铝弹体高度$H=50\text{mm}$,直径$d=39.5\text{mm}$。弹体初步放置在直径为40mm发射炮管中,然后通过高压气体的驱动而飞出,初速度范围为58.6~133.2m/s,弹体冲击的初始动量$I = mv_0$范围为1.15~2.69N·s,其中m为泡沫铝弹体质量,v_0为泡沫铝弹体的初速度。在防护靶箱观察窗外侧设置了高速摄像机和两盏照明灯,用于记录结构在泡沫铝弹体冲击作用下的动态响应和破坏过程,采集帧率设置为10000fps,分辨率为896×896。

为了更好地探讨相对密度对复合材料双箭头拉胀夹层结构抗冲击性能的影响,需要对实验工况进行编号:首先,对3种相对密度的试样进行编号,采用4、8和12代替相对密度10.3%、19.0%和26.3%;其次,每种相对密度的试样均进行了高、中、低3种等级冲量的撞击,以1、2和3代表低冲量、中冲量和高冲量;最后,采用英文代号DH代表复合材料双箭头拉胀夹层结构,DH/F代表泡沫增强的复合材料双箭头拉胀夹层结构。以DH-4-2为例,代表相对密度为10.3%的复合材料双箭头拉胀夹层结构在中等冲量下的实验工况。表5-1为3种相对密度不同的复合材料双箭头拉胀夹层结构和泡沫增强拉胀夹层结构进行冲击实验的工况及结果。

a)相对密度10.3%

b)相对密度19.0%

c)相对密度26.3%

图5-9　复合材料双箭头拉胀夹层结构实物图

泡沫弹冲击实验工况及结果　　　　　　　　　　表5-1

试件类型	编号	弹体质量 （g）	入射速度 （m/s）	冲量 （N·s）	最大挠度 （mm）	负泊松比	变形失效 模式
复合材料 双箭头拉胀 夹层结构	DH-4-1	20.7	58.6	1.21	20.3	-0.25	CD,D
	DH-4-2	19.1	100.3	1.92	28.7	-0.29	PD,CD,FB,D
	DH-4-3	19.9	130.2	2.59	36.4	-0.31	F
	DH-8-1	20.3	58.3	1.18	13.6	-0.20	E,CD
	DH-8-2	20.7	100.7	2.08	19.6	-0.22	PD,CD,FB,D
	DH-8-3	19.9	132.3	2.63	25.2	-0.25	F
	DH-12-1	20.3	57.1	1.16	10.3	-0.09	E,CD
	DH-12-2	19.3	100.1	1.93	15.0	-0.11	E,PD
	DH-12-3	20.2	133.2	2.69	17.2	-0.15	PD,CD,FB,D

续上表

试件类型	编号	弹体质量 (g)	入射速度 (m/s)	冲量 (N·s)	最大挠度 (mm)	负泊松比	变形失效模式
泡沫增强拉胀夹层结构	DH/F-8-1	20.3	56.6	1.15	9.9	−0.04	E,M
	DH/F-8-2	19.1	100.3	1.92	16.2	−0.08	CD,FB,D,M
	DH/F-8-3	19.1	133	2.54	18.4	−0.1	PB,CD,M

注:E-弹性变形;PD-面板与芯材粘接处脱粘;CD-芯子粘接处脱粘;FB-纤维断裂;D-分层失效;M-基体失效;F-完全失效。

当复合材料双箭头拉胀夹层结构受到泡沫弹局部冲击时,通过高速摄像机记录的影像可以观察到试件随时间变化的破坏过程。在破坏过程中,前面板首先遭受泡沫弹的冲击,在压缩载荷下,前面板经历了局部弯曲变形,面板发生弯曲变形时遭受着拉胀芯子的抵抗,随着泡沫弹的继续冲击,结构在粘接位置发生局部脱粘。相对密度较低的拉胀芯子会在局部冲击载荷作用下,芯子出现逐层坍塌现象,即首层芯子发生后,第二层芯子相继发生局部坍塌。另外在受到剧烈冲击时,芯层纤维断裂,基体失效和分层失效,面板发生分层和基体失效。所以复合材料双箭头拉胀夹层结构在泡沫弹冲击作用下主要会出现以下几种失效模式:芯子间脱粘、面板与芯材脱粘、纤维断裂、基体失效和分层失效。

对于填充了聚氨酯泡沫的复合材料双箭头拉胀结构,由于泡沫与芯子支撑杆件的协同作用,芯子未发生明显的坍塌破坏。在结构遭受剧烈冲击时,芯子在冲击位置处发生局部弹性压缩。此外,由于芯层间弯曲变形不一致,在粘接位置产生剪切作用,芯层间的粘接处会发生脱粘失效。

3种相对密度(10.3%,19.0%,26.3%)复合材料双箭头拉胀夹层结构及泡沫增强拉胀夹层结构在高等冲量、中等冲量和低等冲量作用下,冲击区域局部拉胀效应的宏观泊松比随时间变化过程如图5-10所示。如图5-10a)~d)所示,复合材料双箭头拉胀夹层结构及泡沫增强拉胀夹层结构在负泊松比值达到最大值后均会有所减少,主要因为结构从局部响应转变为整体响应;此外,观测区域集中在结构冲击区域处,结构局部响应也主要发生在该区域,因此,在结构初始响应时,负泊松比值迅速增大。在结构开始进入整体响应后,结构发生整体弯曲变形,局部响应减弱,因此拉胀响应减低,负泊松比值减小。如图5-10a)和b)所示,泡沫增强拉胀夹层结构的泊松比值在后期转变为正值,这主要是因为该结构在芯层空隙间填充了聚氨酯泡沫,结构遭受冲击时,由于夹层构件与泡沫块之间的协同作用,构件偏转和弯曲变形受到泡沫块阻碍,结构仅在冲击初期,在所观测区域出现泊松比为负值,即该区域出现局部拉胀现象,而后由于构件的弹性恢复,芯层间出现脱粘及结构进入整体弯曲变形,导致观测区域的泊松比值又恢复至正值。同样地,在低冲击载荷下相对密度为26.3%的拉胀结构,由于芯层构件壁厚较大,抗弯曲变形能力较强,在泡沫弹体冲击初期,观测区域产生了局部拉胀响应,但随着冲击的进行,芯层弯曲不一致导致在粘接位置发生脱粘失效,使得冲击区域拉胀响应消失,观测区域泊松比值变成正值。在不同冲量对结构拉胀效应的影响上,如图5-10d)所示,随着冲量的增大,结构冲击区域的负泊松比最大值不断增大,说明结构产生拉胀效应更加明显。

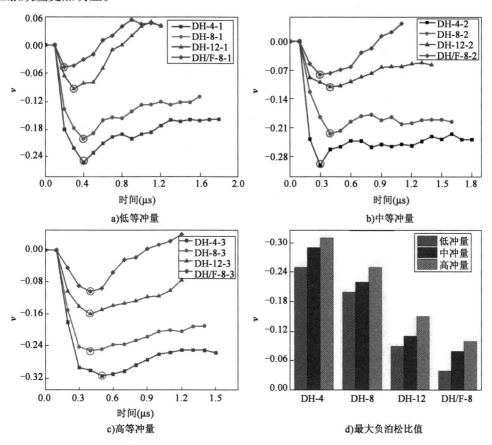

图5-10　3种相对密度(复合材料双箭头拉胀夹层结构及泡沫增强拉胀夹层结构在冲击响应过程中观测区域泊松比随时间变化历程

如图5-11所示为低等冲量作用下,3种相对密度拉胀结构的动态响应。如图5-11a)所示,相对密度为10.3%的复合材料拉胀夹层结构DH-4-1首层芯子因构件厚度较薄,在0.2ms时首层芯子在冲击区域发生局部坍塌,此时后面板和靠近夹持端的芯层均未产生明显变形。在0.6ms时,后面板发生了弯曲变形。在0.9ms时,结构进入整体响应,直至1.9ms时,结构弯曲变形达到最大值。如图5-11b)和c)所示分别为相对密度19.0%和26.3%的复合材料双箭头拉胀夹层结构在低等冲量作用下的动态响应,由于相对密度增加,结构构件厚度增大,在低等冲量作用下,芯层在冲击区域均未发生坍塌现象。结构分别在1.6ms和1.5ms时,弯曲变形达到最大。3种相对密度的拉胀夹层结构在受到低等冲量作用后的破坏图如图5-12所示。在该冲量下,3种相对密度的拉胀结构主要表现出芯层间脱粘失效,且失效位置主要集中在结构被泡沫弹体直接冲击区域。对于相对密度最低的拉胀结构,在前面板冲击区域出现了局部分层失效。

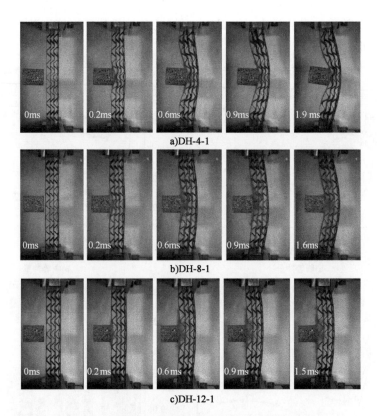

图5-11　3种相对密度的拉胀结构在低等冲量下的动态响应

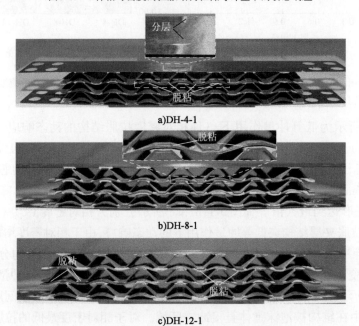

图5-12　拉胀结构在低等冲量下的失效情况

5.2.3 内凹蜂窝夹层结构局部冲击实验

泡沫弹高速撞击加载实验的实验装置如图5-6a)所示,本次实验的泡沫铝弹的初始速度范围为60~250m/s。泡沫铝弹体撞击试件的整个过程通过高速摄像机进行拍摄记录,用来观察试件(图5-13)的动态响应和破坏过程,高速摄像机的采集帧率为10000FPS,分辨率为1024×688。为了保证高速摄像机的拍摄质量,在摄像机的附近位置放置了两个强光源。通过测量高速摄像机拍摄下的泡沫弹位移和经历的时间来获得泡沫弹撞击试件的初始速度。本实验采用的泡沫铝弹体是直径为39.5mm、长度为50mm的圆柱体。L形夹具和靶舱由螺栓固定在一起,靶舱内采用螺栓将试件的两端固定在夹具上。为了减少支撑处的应力集中对结构造成破坏进而影响实验结果,夹具与结构的连接处放置了一层橡胶垫。

a)RD=7.29%

b)RD=14.57%

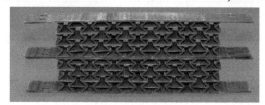
c)RD=21.86%

图5-13 泡沫弹冲击实验的碳纤维增强复合材料内凹蜂窝夹层结构试件

表5-2总结了复合材料梯度内凹蜂窝夹层结构泡沫弹冲击实验的工况和对应的实验结果,包括试样在受到冲击过程中后面板的最大挠度和相应的结构变形及失效模式,其中试样的变形和失效模式是在实验后观察得到的。梯度内凹蜂窝夹层结构在局部冲击载荷作用下,面板和蜂窝芯子会发生纤维断裂、基体开裂和分层等常见的复合材料失效模式。通过表5-2可以得到,在相似的无量纲冲量的载荷冲击下,不同梯度形式的结构后面板的最大挠度和失效模式有一定的差别。

为了更好地对比不同冲击强度下梯度内凹蜂窝夹层结构的动态响应和失效行为,根据无量纲冲量的大小定义编号RH-P-L、RH-H-L和RH-N-L为低等冲量载荷作用下的工况,定义编号RH-P-ML、RH-H-ML和RH-N-ML为中低等冲量载荷作用下的工况,定义编号RH-P-M,RH-H-M和RH-N-M为中等冲量载荷作用下的工况,定义编号RH-P-H、RH-H-H和RH-N-H为高等冲量载荷作用下的工况。

梯度内凹蜂窝夹层结构泡沫弹冲击实验工况及结果   表5-2

试件结构	试样编号	泡沫弹质量m（g）	初始速度v_0(m/s)	无量纲冲量$\bar{I}$	后面板最大变形d(mm)	变形/失效模式
正梯度结构	RH-P-L	20.5	59.88	0.65	11.23	D,F
	RH-P-ML	20.5	82.80	0.91	13.55	D,F
	RH-P-M	20.1	114.25	1.24	14.71	D,F,M
	RH-P-H	20.8	149.11	1.64	25.95	E,D,F,M,CF
均匀结构	RH-H-L	18.8	66.55	0.70	12.00	D
	RH-H-ML	20.1	82.50	0.89	14.33	D,F
	RH-H-M	19.4	117.85	1.25	21.68	D,F,M
	RH-H-H	20.8	149.11	1.64	27.88	E,D,F
负梯度结构	RH-N-L	19.9	61.26	0.66	10.84	D,F
	RH-N-ML	20.3	82.62	0.90	12.78	D,F
	RH-N-M	20.3	116.21	1.26	13.16	D,F,M
	RH-N-H	20.5	147.17	1.61	22.07	E,D,F,M

注：E-弹性变形；D-分层失效；F-纤维断裂；M-基体开裂；CF-完全失效。

3种相对密度的复合材料内凹蜂窝夹层结构在低等冲量载荷下的动态响应过程如图5-14所示。相对密度为7.29%，工况为RH-1-2的内凹蜂窝夹层结构的动态响应过程如图5-14a)所示。泡沫弹在0.00ms时刻与内凹蜂窝夹层结构的前面板接触。由于泡沫弹的撞击作用，在0.27ms时，结构的前面板中心产生局部凹陷，位于冲击区域的第一芯层胞元被面板压缩出现压溃行为，而后面板和其他靠近端部的内凹蜂窝芯子无明显变形。随着泡沫弹的继续加载，位于冲击区域的第二芯层蜂窝芯子也开始发生坍塌现象。在0.43ms时，结构前面板的弯曲区域进一步扩大，内凹蜂窝夹层结构由局部响应转化为整体响应，结构整体发生横向移动。此时可以明显地观察到，非冲击区域的第一和第二芯层的胞元向中心移动，结构蜂窝芯子发生局部的负泊松比现象。在0.70ms时，泡沫弹的速度减小为0，随后发生反弹。结构的后面板横向变形在1.43ms时刻达到最大值。

相对密度为14.57%，工况为RH-2-1的复合材料内凹蜂窝夹层结构的动态响应过程如图5-14b)所示。由于相对密度的增加，芯层壁厚和面板厚度增大，结构仅在位于冲击区域的第一芯层发生局部的压缩变形。相对于相对密度为7.29%的结构，该结构更快地从局部压缩转变为整体的弯曲变形。在1.23ms时刻，结构后面板产生最大变形。

相对密度为21.86%，工况为RH-3-1的复合材料内凹蜂窝夹层结构的动态响应过程如图5-14c)所示。可以看出，由于冲击载荷较小，结构的整体变形更加明显，面板和结构蜂窝芯子由于较大的壁厚，位于冲击区域的第一芯层几乎没有发生局部的压缩现象。相对密度为21.86%的结构更好地抵抗了泡沫弹的局部冲击作用。

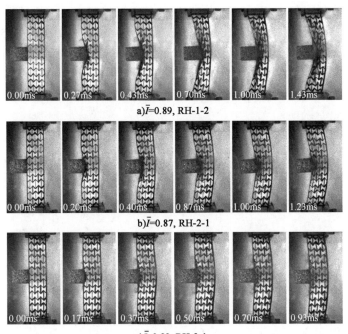

a) $\bar{I}$=0.89, RH-1-2

b) $\bar{I}$=0.87, RH-2-1

c) $\bar{I}$=0.89, RH-3-1

图5-14 复合材料内凹蜂窝夹层结构在低等冲量载荷作用下的动态响应过程

在低等冲量的载荷作用下,通过对比3种相对密度的复合材料内凹蜂窝夹层结构动态的响应过程,可以发现相对密度对结构在局部载荷下的动态响应产生较大影响。低相对密度的结构由于芯层壁厚较小,产生了局部响应,导致芯层出现局部压溃行为。而高相对密度的结构在该冲量水平下,冲击区域的芯层胞元受到的压缩程度降低,结构以整体弯曲响应为主,能够更好地抵抗局部冲击载荷,结构的抗冲击性能更强。

如图5-15所示,在中等冲量载荷作用下,不同相对密度复合材料内凹蜂窝夹层结构的动态响应过程。相对密度为7.29%的内凹蜂窝夹层结构试件(RH-1-4)的动态变形过程如图5-15a)所示。由于该相对密度结构的芯层壁厚较小,位于冲击区域的第一蜂窝芯层胞元在0.17ms时被迅速压溃。随着泡沫弹的继续加载,第二和第三蜂窝芯层也在0.17~0.50ms之间相继被泡沫弹冲击,而后面板和其他内凹蜂窝芯子几乎保持原始位置,此期间后面板中心处产生微小的横向变形。冲击区域的芯层胞元由于泡沫弹冲击而被压碎后发生坍塌现象,该过程消耗了泡沫弹的部分能量,导致后面板的变形响应时间延迟。前面板由于弯曲程度过大而断裂,泡沫弹不断冲击加载,最终在1.20ms时刻穿透整个内凹蜂窝夹层结构。后面板发生断裂时,结构失去承载能力,完全失效。相对密度为14.57%的内凹蜂窝夹层结构试件(RH-2-3)的动态响应过程如图5-15b)所示。结构的前面板和第一芯层在0.27ms时发生局部的压缩行为。随着泡沫弹的持续加载,前面板弯曲区域不断扩大。第二蜂窝芯层也被压缩,此期间结构发生局部响应。值得注意的是,靠近冲击区域的蜂窝胞元向冲击区域移动。之后,结构产生整体弯曲响应,后面板和芯子发生整体的横向移动。在1.70ms时刻,后面板横向变形达到最大值。相对密度为21.86%的内凹蜂窝夹层结构试件(RH-3-2)的动态响应过程如图5-15c)所示。位于冲击区域的前面板和第一芯层蜂窝在0.50ms前被压缩致密,结构出现局部的压缩行为。随后,结构发生整体的弯曲变形,后面板横向变形在1.43ms时达到最大值。

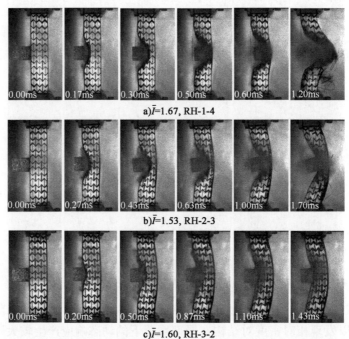

a) $\bar{I}$=1.67, RH-1-4

b) $\bar{I}$=1.53, RH-2-3

c) $\bar{I}$=1.60, RH-3-2

图5-15　复合材料内凹蜂窝夹层结构在中等冲量载荷作用下的动态响应过程

在中等冲量的载荷作用下,3种相对密度结构的动态响应特征有较大差异,相对密度为7.29%的内凹蜂窝夹层结构被泡沫弹穿透,以局部响应为主;相对密度为14.57%和21.86%的内凹蜂窝夹层结构均发生由局部压缩致密到整体弯曲变形的过程;相对密度为21.86%的结构蜂窝芯子受到压缩变形的程度较小,能够较早地进入整体响应阶段。

在高等冲量载荷作用下,不同相对密度的复合材料内凹蜂窝夹层结构的动态响应过程如图5-16所示。图5-16a)展示了相对密度为7.29%的内凹蜂窝夹层结构试件(RH-1-5)动态响应过程。高冲量载荷作用下,位于冲击区域的三层蜂窝芯子在0.40ms前被泡沫弹迅速冲击而破碎,而后面板和其他的蜂窝胞元没有产生明显变形。随着继续加载,泡沫弹在0.53ms时到达后面板,随后前、后面板均被冲断,最终在0.80ms时穿透整个内凹蜂窝夹层结构。相对密度为14.57%的试件(RH-2-4)的动态响应过程如图5-16b)所示。可以观察到,位于冲击区域的三层蜂窝芯子在0~0.70ms之间被迅速压缩,期间结构前面板发生局部弯曲变形,结构以局部响应为主。随着泡沫弹不断冲击加载,前面板中心处由于弯曲程度过大而发生断裂,并且后面板在1.50ms时刻取得最大横向变形。图5-16c)展示了相对密度为21.86%的内凹蜂窝夹层结构试件(RH-3-3)的动态响应过程。由于相对密度为21.86%的内凹蜂窝夹层结构前面板以及芯层的较大厚度,泡沫弹撞击到结构的前面板后迅速致密化,其长度显著缩短。结构先后经历了第一芯层的局部压缩、局部弯曲和整体弯曲3个阶段。后面板横向变形在1.03ms时达到最大值。

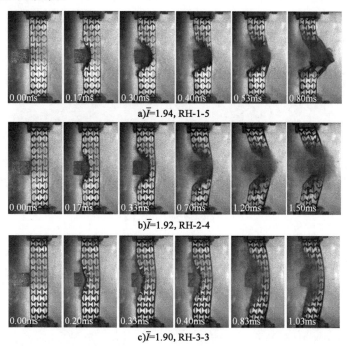

a)$\bar{I}$=1.94, RH-1-5

b)$\bar{I}$=1.92, RH-2-4

c)$\bar{I}$=1.90, RH-3-3

图5-16　复合材料内凹蜂窝夹层结构在高等冲量载荷作用下的动态响应过程

高等冲量载荷作用下,相对密度为7.29%和14.57%的复合材料内凹蜂窝夹层结构以局部响应为主,而相对密度为21.86%的结构仅在前面板和第一芯层的冲击区域发生局部压缩行为,冲击响应期间以整体弯曲变形为主。

其中,不同相对密度的复合材料内凹蜂窝夹层结构在中等冲量载荷作用下的失效模式如图5-17所示。图5-17a)展示了相对密度为7.29%的内凹蜂窝夹层结构的主要破坏模式。由于结构面板和芯层厚度较小,承载能力较弱,在中等冲量载荷作用下泡沫弹能够完全穿透整个蜂窝结构,导致前、后面板在冲击区域发生断裂,结构完全失效,造成前后面板分层、纤维断裂和纤维拔出等失效模式。位于非冲击区域的蜂窝胞元在拉伸和剪切作用下也发生了纤维断裂和分层破坏。由于应力集中,纤维的断裂主要发生在胞元平台和斜杆以及斜杆之间的节点处。位于冲击区域的蜂窝胞元由于压溃破坏的程度较大,发生了纤维断裂而从结构中脱离。图5-17b)展示了相对密度为14.57%的内凹蜂窝夹层结构的主要破坏模式。中等冲量载荷作用下,由于弯曲程度过大,前面板的中间位置发生折断,进而造成纤维断裂和纤维拔出等失效破坏。另外,泡沫弹的撞击导致前面板发生基体开裂失效。位于冲击区域的第一和第二蜂窝芯层胞元由于前面板的压缩以及压溃行为,造成局部的芯层胞元缺失。后面板由于弯曲拉伸作用,使得面芯连接处出现分层失效。图5-17c)为相对密度为21.86%的内凹蜂窝夹层结构的破坏模式。前面板在冲击区域受到泡沫弹的撞击而产生基体开裂失效。位于冲击区域的第一芯层蜂窝胞元被压缩,胞元发生分层和纤维断裂失效。另外,靠近端部位置的后面板在受到弯曲变形的同时,由于边界的约束而产生局部的分层失效。通过对比不同相对密度的复合材料内凹蜂窝夹层结构的失效模式,可以发现,在相似强度的冲击载荷作用下,相对密度为21.86%的结构能够保持较高的结构完整性,复合材料内凹蜂窝夹层结构的损伤程度随着相对密度的增大而减小。

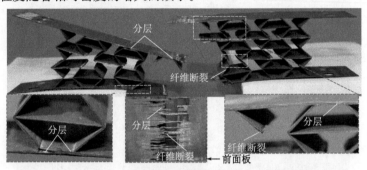

a)Rd=7.29%, RH-1-4

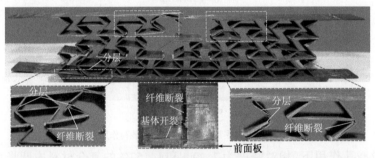

b)Rd=14.57%, RH-2-3

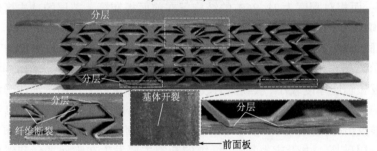

c)Rd=21.86%, RH-3-2

图5-17 不同相对密度的复合材料内凹蜂窝夹层结构受到中等冲击载荷的失效模式

5.3 夹层结构局部冲击仿真

5.3.1 X形夹层结构局部冲击仿真

使用有限元软件建立了模拟CFRP X形夹层结构在泡沫弹冲击下动态响应和渐进破坏

过程的数值仿真模型,进一步探究其失效机理。如图5-18所示建立的XF-8夹层结构有限元模型,为减少网格数量,提高计算效率,该模型为1/4模型。

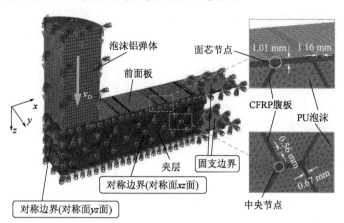

图5-18 泡沫填充X形夹层结构(XF-8)受泡沫弹冲击有限元模型(1/4模型)和网格尺寸

CFRP X形夹层的有限元网格模型主要使用C3D8R单元划分,单元的平均长度为0.56m,在夹层腹板中间位置设置了一层厚度为0.02mm的粘接层用于模拟剪切分层失效。聚氨酯泡沫主要使用C3D6单元划分,平均网格尺寸为0.85mm。铝制泡沫弹使用的C3D8R网格平均尺寸为1.2mm。CFRP材料通过ABAQUS用户子程序VUMAT实现仿真中的材料失效判断与扭曲网格删除。根据压缩实验,聚氨酯泡沫的平均压缩模量为38.4MPa,其准静态压缩屈服强度σ_{PU0}为2.0MPa;泡沫铝的平均压缩模量E_A为2450.0MPa,准静态屈服强度σ_{Y0}为3.0MPa。

复合材料X形夹层结构在不同冲击阶段的理论变形轮廓与试验和有限元分析结果的比较如图5-19~图5-21所示。图中给出了空心X形夹层结构和泡沫夹层结构在低冲量、中冲量和高冲量冲击载荷下实验和有限元仿真获得的不同时刻变形、失效模式,以及预测和实验测量的面板变形。

低冲量和中冲量载荷下的实验和预报结果分别如图5-19和图5-20所示,可以看到,空心和泡沫填充CFRP夹层结构的主要失效模式均为夹层剪切。从背面板的变形轮廓图上可以观察到结构弯曲/剪切波的传播(0.03~0.23ms)和整体拉伸(>0.45ms)变形,总体上,理论模型和有限元模型对结构变形轮廓有较好的预测,实验中同一试样不同单胞剪切强度的微小差异是影响背面板变形出现异常的主要原因。在中等强度的冲击下,数值仿真和理论预报都表明X-12-C试样的背面板端部会发生拉伸断裂,但实验中边界松动减小了端部的应力,试样最终没有完全断裂。因此预报结果在背面板失效前与实验结果吻合良好,之后的实验挠曲线会继续上升。

在高冲击载荷I_0=4.0kN·s/m²作用下,实验和数值模拟测得的X-8-E和XF-8-E夹层结构夹层压溃、剪切以及面板断裂失效如图5-21所示。可以看到试样的前、后面板均发生了失效,背面板出现了较大面积的面芯分层,仿真结果与实验失效模式吻合较好。理论模型预报的前、后面板变形轮廓在初始阶段(<0.13ms)与实验和仿真结果均吻合较好,但是,理论模

型预测局部压陷区域快速到达了边界,而过早地判断压陷响应停止,因此理论预测的背面板变形在同一时刻通常大于实验和仿真结果。此外,实验和仿真中夹层压陷区域面积大于理论模型的压陷面积也是造成误差的原因,本章理论模型为二维模型,实验中圆柱形的冲击区域在理论模型中简化为了具有相等初始冲量的矩形弹体,其宽度小于圆柱弹直径。

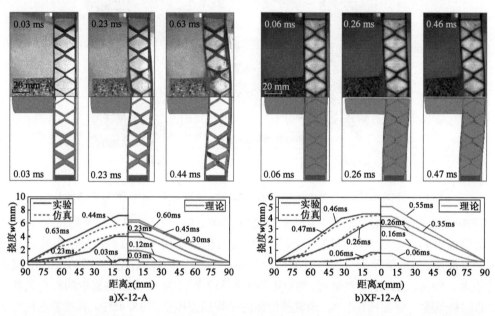

图5-19　不同夹层结构在I_0=1.0kN·s/m²冲击下的试验和仿真变形及不同夹层结构实验、仿真和理论背面板变形轮廓

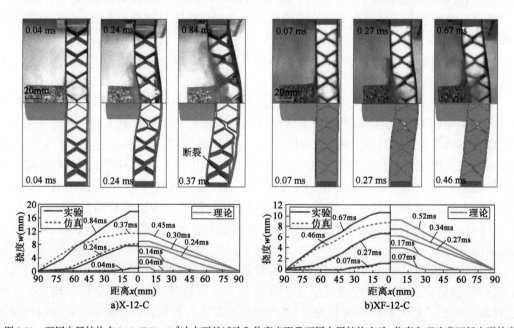

图5-20　不同夹层结构在I_0=1.7kN·s/m²冲击下的试验和仿真变形及不同夹层结构实验、仿真和理论背面板变形轮廓

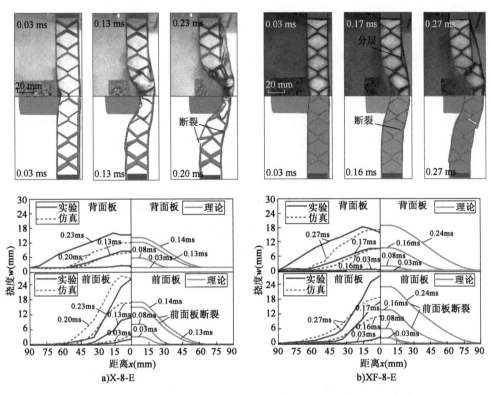

图5-21　不同夹层结构在$I_0=4.0\text{kN}\cdot\text{s/m}^2$冲击下的试验和仿真变形及不同夹层结构实验、仿真和理论背面板变形轮廓

如图5-22所示,给出了不同面密度夹层结构在不同冲击强度($1.0\text{kN}\cdot\text{s/m}^2$,$1.4\text{kN}\cdot\text{s/m}^2$,$1.7\text{kN}\cdot\text{s/m}^2$,$2.1\text{kN}\cdot\text{s/m}^2$和$3.9\text{kN}\cdot\text{s/m}^2$)下中心挠度-时间($w_0$-$t$)曲线的理论预测、有限元仿真和实验结果。

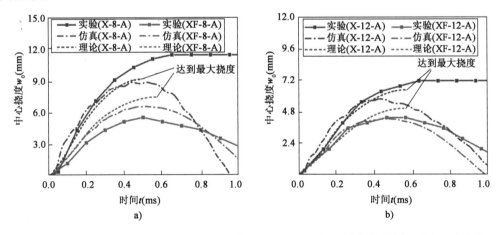

图5-22　实验、数值仿真和理论预报夹层结构在冲量约为$1.0\text{kN}\cdot\text{s/m}^2$的冲击载荷下的中心挠度-时间曲线

5.3.2　双箭头拉胀夹层结构局部冲击仿真

利用前处理功能,按照实验的具体尺寸,建立有限元模型,有限元仿真模型包括泡沫弹体、夹具,夹块、试件和螺栓,如图5-23所示。对于双箭头拉胀夹层结构试件的有限元模型,独立建立出前后面板和芯子,并利用虚拟切割按照实际的铺层数量对模型进行分层,定义每一层材料铺层方向与实验样品一致。在网格定义上,由于六面体单元在非平面方向产生的应力比壳单元更精确[48],因此,对试件前后面板和芯子上均采用C3D8R单元(8节点三维实体单元)构建。

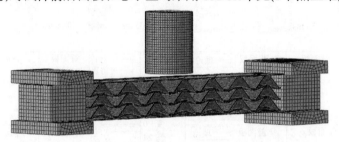

图5-23　双箭头拉胀夹层结构有限元仿真模型图

3种相对密度的复合材料拉胀夹层结构在中等冲量作用下动态响应的数值模拟结果如图5-24~图5-26所示。其中,数值模拟结果SDV2表示无量纲损伤参数纤维压缩损伤程度。复合材料双箭头拉胀夹层结构DH-4-2由于相对密度较小,芯层构件较薄,在遭受泡沫弹体冲击0.2ms时,首层芯子中间单胞发生坍塌,其他芯子单胞和后面板及前面板两侧均保留在原有位置,这与实验中的响应一致(图5-24)。在0.4ms时,在冲击载荷的继续作用下,位于第二芯层的中间单胞也发生坍塌,但通过对仿真结果和实验结果比较发现,仿真结果中的前面板弯曲变形与实验中存在着不同。进一步地,在0.8ms时,通过对仿真结果的观察,第三芯层中间单胞由于压缩作用呈现出收缩现象,但在实验中则未能明显看出。另外,在1.4ms和1.8ms时,从仿真结果可以观察到,第三芯层且靠近两侧夹持端的单胞,由于受到后面板和第二芯层的压缩作用,在单胞斜杆上出现了弯曲变形。

如图5-25所示为拉胀夹层结构DH-8-2在遭受中等冲量作用下的动态响应过程,从仿真结果中可以发现,由于芯子构件厚度增加,抗弯刚度变大,在受到载荷时,首层芯子中间单胞在粘接位置发生脱粘失效,随之,单胞斜杆向两侧偏转,在中间单胞出现坍塌现象。随着冲击的进一步进行,在0.8ms时,前面板与芯层在粘接位置处发生明显的脱粘失效;同时,通过对比观察实验和仿真结构中靠近夹持端的芯子可以发现,实验中,面板和芯子尚未发生脱粘,而仿真结果中,面板与芯子已经发生脱粘,因此导致在该区域未显现出拉胀现象。

对于DH-12-2拉胀夹层结构的动态响应过程,如图5-26所示,由于相对密度的进一步增大,芯层构件及面板厚度增加,结构弯曲刚度的抵抗弯曲变形能力增强,因此结构在中等冲量作用下,在实验和仿真结果中均未出现芯层单胞坍塌现象。但是通过实验和仿真结果对比发现,仿真结果中前面板与芯层发生局部脱粘失效发生在0.4ms前,而实验结果中前面板与芯层发生局部脱粘失效发生在0.4~0.8ms之间,即仿真中的脱粘失效要比实验中的早。

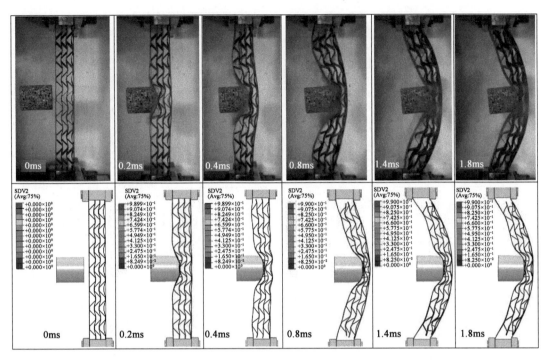

图 5-24　复合材料双箭头拉胀夹层结构 DH-4-2 在中等冲量作用下有限元仿真结果

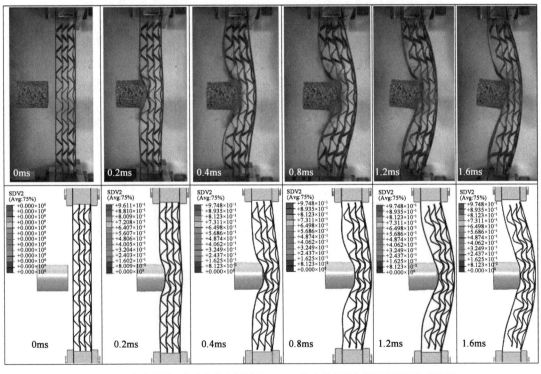

图 5-25　复合材料双箭头拉胀夹层结构 DH-8-2 在中等冲量作用下有限元仿真结果

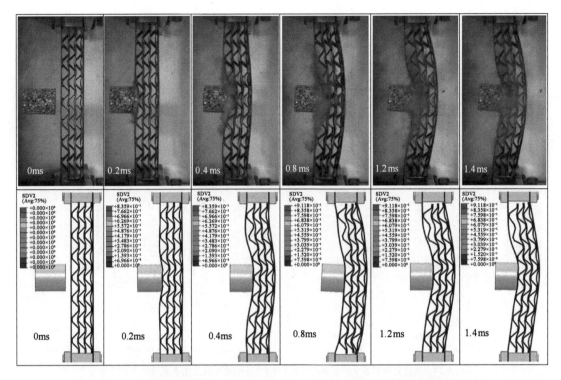

图5-26　复合材料双箭头拉胀夹层结构DH-12-2在中等冲量作用下有限元仿真结果

如图5-27所示为有限元仿真结果和实验结果在结构典型失效模式下的对比。如图5-27a) 所示为DH-4-2在中等冲量作用下,结构前面板发生纤维断裂,芯层粘接位置发生脱粘,以及后面板在持端附近因承受剪切作用发生纤维断裂。图5-27b)显示DH-8-2在承受中等冲量作用下前面板在冲击区域发生分层失效。图5-27c)为DH-12-2遭受中等冲量作用下前面板与芯层在粘接位置发生局部脱粘失效以及前面板发生局部分层失效。如图5-27d)所示DH-4-3在遭受高等冲量作用下,后面板在夹持端附近发生纤维断裂以及芯层在冲击区域附近斜杆节点发生纤维断裂。如图5-27e)所示DH-8-3在遭受高等冲量作用下,后面板夹持端因受到剪切作用而发生断裂。

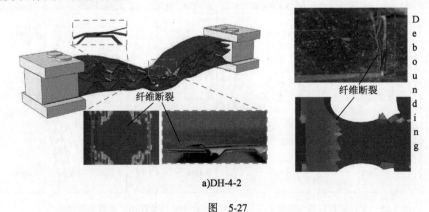

a)DH-4-2

图　5-27

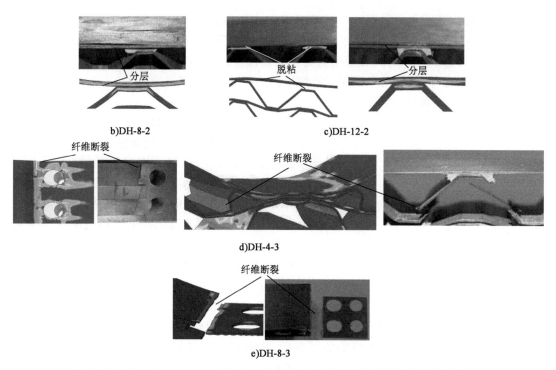

图5-27　复合材料双箭头拉胀夹层结构有限元仿真结果与实验结果在典型失效模式下的对比

5.3.3　内凹蜂窝夹层结构局部冲击仿真

5.3.3.1　相对密度研究

为了进一步研究相对密度对复合材料内凹蜂窝夹层结构在局部冲击载荷作用下的动态响应及失效情况的影响,采用ABAQUS有限元软件建立了泡沫弹撞击复合材料内凹蜂窝夹层结构的有限元模型,如图5-28所示。有限元模型包括内凹蜂窝夹层结构、泡沫铝子弹、夹具和螺栓,所有模型均采用三维实体缩减积分单元C3D8R进行网格单元类型的定义。内凹蜂窝夹层结构由前后面板和内凹蜂窝芯子构成,按照实际的预浸料铺设层数对结构的面板和蜂窝芯子进行虚拟切割,并定义每一层的实际纤维材料方向,赋予碳纤维复合材料属性。

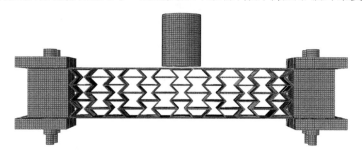

图5-28　复合材料内凹蜂窝夹层结构泡沫弹冲击有限元模型

面板和蜂窝芯子之间采用"Tie"约束定义。在潜在的接触面上定义通用接触来防止计算过程中出现的穿透现象。此外,由于芯层之间的粘接面积较大,实验后未观察到芯层之间的脱粘现象,考虑到计算时间和模型的简化处理,采用"Tie"约束来模拟芯层间的黏结。固定住夹具的各个方向的移动来模拟实验的边界条件,使用预定义速度场"predefined velocity filed"来控制泡沫铝弹的初始速度。

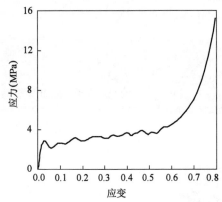

图5-29 泡沫铝弹体压缩应力-应变曲线

采用各向同性硬化的Crushable foam本构模型对泡沫铝子弹进行模拟,泡沫铝材料的屈服应力和塑性应变数据由单轴压缩实验测量获得,泡沫铝弹体压缩应力-应变曲线如图5-29所示。ABAQUS中Crushable foam主要用于模拟泡沫材料由于受到压缩作用导致孔隙结构的胞体壁发生屈曲而引起的应变强化效应。夹具材料为不锈钢,杨氏模量 $E_s^{steel} = 210GPa$,泊松比 $\mu = 0.3$,密度 $\rho = 7.8 \times 10^{-9} t/mm^3$。

采用ABAQUS有限元软件模拟了各种工况下泡沫弹撞击复合材料内凹蜂窝夹层结构的动态响应过程,为了验证有限元仿真结果的可靠性,将数值计算结果和实验结果进行对比。如图5-30所示,相对密度为7.29%的内凹蜂窝夹层结构由于芯层构件壁厚较小,位于冲击区域的三层蜂窝芯层胞元在0.5ms内被迅速压溃,而后面板和蜂窝芯子几乎保持原始位置,此期间后面板产生微小的横向变形。有限元模拟结果也呈现出相似的动态响应过程,图中清晰地展现出了位于冲击区域三层蜂窝芯子的压实过程。有限元仿真和实验结果都展现了前面板由于弯曲程度过大而发生断裂的破坏现象。由于泡沫弹的不断冲击加载,在1.2ms时刻,后面板产生较大程度的弯曲拉伸变形。

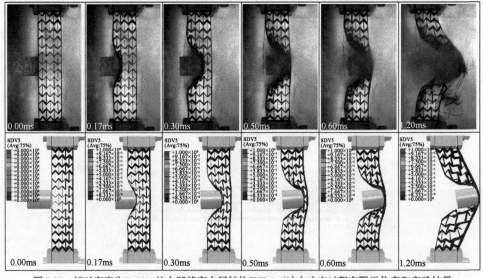

图5-30 相对密度为7.29%的内凹蜂窝夹层结构(RH-1-4)冲击响应过程有限元仿真和实验结果

　　如图5-31所示为有限元仿真中3种相对密度的内凹蜂窝夹层结构出现的典型失效模式。如图5-31a)所示,相对密度为7.29%的内凹蜂窝夹层结构前面板的冲击区域断开,发生纤维断裂失效。位于冲击区域的整个芯层胞元被压溃,呈现出严重的破坏现象。如图5-31b)所示,相对密度为14.57%的内凹蜂窝夹层结构前面板中心区域发生纤维断裂,第一芯层胞元由于严重的压缩变形以及前面板的弯曲变形,发生纤维断裂和分层失效。如图5-31c)所示,相对密度为21.86%的内凹蜂窝夹层结构的前面板在冲击区域受到泡沫弹的撞击而产生基体开裂。位于冲击区域的第一芯层蜂窝胞元发生局部压缩,该区域发生分层和纤维断裂失效,有限元结果中也呈现相似的失效模式。

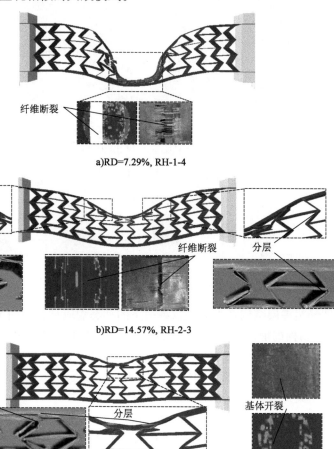

a)RD=7.29%, RH-1-4

b)RD=14.57%, RH-2-3

c)RD=21.86%, RH-3-2

图5-31　3种相对密度内凹蜂窝夹层结构典型失效模式有限元仿真和实验结果对比

5.3.3.2　梯度形式研究

　　如图5-32~图5-34所示分别为正梯度、均匀和负梯度内凹蜂窝夹层结构在中等冲量载荷作用下的实验和仿真动态响应过程对比情况。如图5-32所示,仿真结果中,正梯度内凹蜂窝夹层结构前面板和第一层蜂窝芯子单胞在初始阶段被局部压陷。随着泡沫弹的继续加载,前面板由局部压缩转变为整体的弯曲变形。第一层蜂窝芯子由于壁厚较小,整体被前面板压缩,有限元仿真中也呈现出同样的现象。在0.4ms,有限元计算结果表明结构发生整体弯曲变形,后面板的横向挠度不断增大,并且泡沫弹在之后发生反弹,这与实验结果响应过程一致。

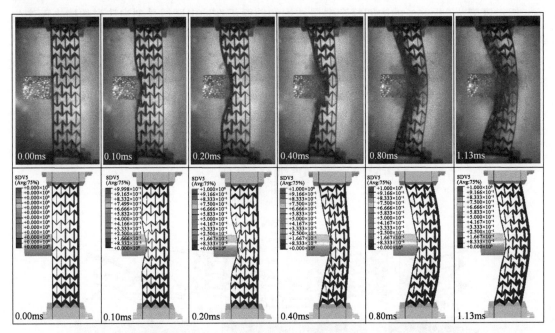

图5-32　局部冲击作用下正梯度内凹蜂窝夹层结构(RH-P-M)有限元仿真和实验结果对比

均匀内凹蜂窝夹层结构在中等冲量载荷下的动态响应过程如图5-33所示。有限元仿真和实验结果中,结构的前面板和第一芯层在初期均发生局部的压缩行为。随着泡沫弹的持续加载,前面板弯曲区域不断扩大。在0.4ms时刻,可以观察到有限元计算结果中结构后面板产生局部变形。之后,结构发生整体弯曲响应,后面板和芯子发生整体的横向移动,有限元仿真和实验结果均表现出相似的整体响应过程。

负梯度内凹蜂窝夹层结构在中等冲量载荷作用下的动态响应过程如图5-34所示。可以发现,在0~0.40ms的初期阶段,实验和仿真结果中的负梯度结构以局部压缩响应为主。在冲击过程中,位于冲击区域的第一芯层产生了局部压缩变形。在0.60ms时,结构发生整体弯曲响应,面板和芯子发生整体的横向移动,有限元和实验在响应后期均表现出相似的整体弯曲响应过程。

如图5-35所示给出了局部冲击作用下正梯度、均匀和负梯度内凹蜂窝夹层结构有限元典型失效模式。如图5-35a)所示,正梯度结构前面板的冲击区域发生纤维和基体失效。第一层蜂窝芯子由于壁厚较小,整体被前面板压缩,导致结构非冲击区域的第一芯层胞元发生断裂破坏。如图5-35b)、c)所示,位于冲击区域的前面板面芯结合处由于受到泡沫弹的撞击而产生分层失效。第一芯层蜂窝胞元发生局部压缩行为,该区域发生分层和纤维断裂失效,有限元结果中也呈现相似的失效模式。均匀和负梯度内凹蜂窝夹层结构的前面板冲击区域均产生局部的纤维和基体失效。

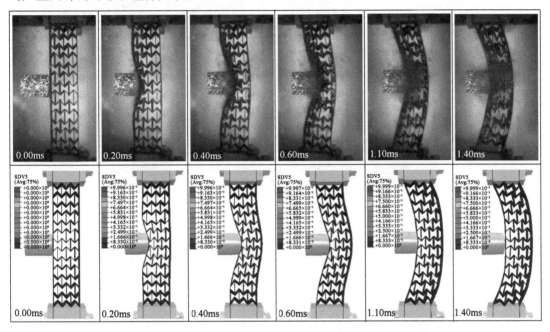

图5-33　局部冲击作用下均匀内凹蜂窝夹层结构(RH-H-M)有限元仿真和实验结果对比

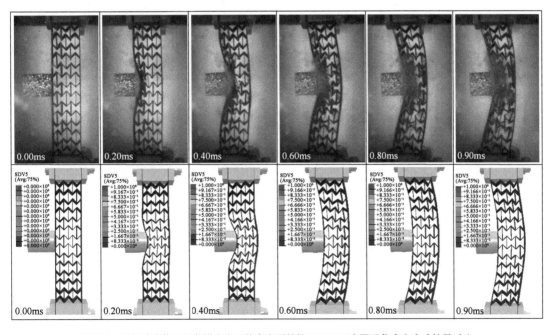

图5-34　局部冲击作用下负梯度内凹蜂窝夹层结构(RH-N-M)有限元仿真和实验结果对比

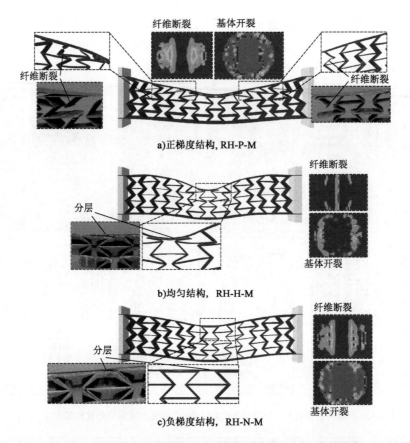

图5-35　局部冲击作用下梯度内凹蜂窝夹层结构有限元典型失效模式

　　如图5-36~图5-38所示分别为正梯度、均匀和负梯度结构在中等冲量载荷作用下,后面板中心横向变形历史曲线和不同时刻轮廓仿真结果和实验结果对比情况。如图5-36a)、图5-37a)和图5-38a)可以观察到,梯度内凹蜂窝夹层结构都经历了由局部响应到整体弯曲变形的变化,对应的后面板横向变形曲线斜率呈现先增大后减小的变化趋势。对于后面板中心处的横向变形,仿真结果要大于实验结果。如图5-36b)所示,正梯度内凹蜂窝夹层结构后面板在初期呈现出较为明显的局部弯曲变形。如图5-37b)所示,均匀结构后面板变形轮廓仿真计算结果要大于实验结果,后面板同样经历了由局部弯曲变形到整体弯曲变形的变化。随着加载的持续,后面板变形轮廓的有限元计算结果和实验结果差距越来越小。如图5-38b)所示,仿真计算结果表明,负梯度结构后面板较早地由局部响应转化为整体响应。通过对比结构的后面板响应可知,有限元计算结果和实验结果存在一定的偏差,分析其误差主要是由试件制备缺陷造成的。

　　对不同工况的梯度内凹蜂窝夹层结构进行了有限元仿真计算,表5-3列出了各工况下结构后面板中心点最大横向变形的实验和数值模拟结果。从表5-3中可以发现,实验和仿真结果的最大误差为13.82%,最小误差为0.57%。基于后面板中心点的最大横向变形对比情况,有限元仿真结果能够和实验结果较好地吻合。

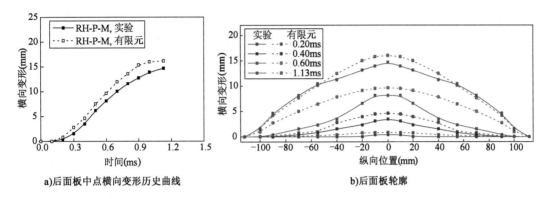

a)后面板中点横向变形历史曲线

b)后面板轮廓

图5-36 中等冲击载荷作用下正梯度内凹蜂窝夹层结构仿真和实验结果对比

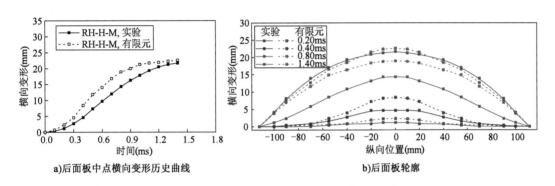

a)后面板中点横向变形历史曲线

b)后面板轮廓

图5-37 中等冲击载荷作用下均匀内凹蜂窝夹层结构仿真和实验结果对比

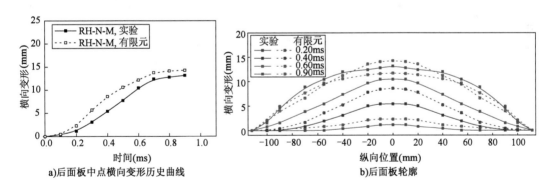

a)后面板中点横向变形历史曲线

b)后面板轮廓

图5-38 中等冲击载荷作用下负梯度内凹蜂窝夹层结构的仿真和实验结果对比

梯度内凹蜂窝结构的有限元仿真和实验结果对比 表5-3

工况	无量纲冲量	后面板中心点最大横向变形(mm)		相对误差(%)
		实验结果	仿真结果	
RH-P-L	0.65	11.23	12.30	9.53
RH-P-ML	0.91	13.55	13.74	1.40

续上表

工况	无量纲冲量	后面板中心点最大横向变形（mm）		相对误差（%）
		实验结果	仿真结果	
RH-P-M	1.24	14.71	16.04	9.04
RH-P-H	1.64	25.95	26.10	0.57
RH-H-L	0.70	12.00	12.50	4.17
RH-H-ML	0.89	14.33	14.61	1.95
RH-H-M	1.25	21.68	22.62	4.34
RH-H-H	1.64	27.88	29.62	6.24
RH-N-L	0.66	10.84	11.06	2.03
RH-N-ML	0.90	12.78	13.93	9.00
RH-N-M	1.26	13.16	14.26	8.36
RH-N-H	1.61	22.07	25.12	13.82

5.4 本章小结

本章采用实验、理论和数值方法研究了 CFRP X形夹层结构、双箭头拉胀夹层结构和内凹蜂窝夹层结构的抗局部冲击性能。通过泡沫铝弹冲击实验模拟了局部冲击载荷对 CFRP X形夹层结构、双箭头拉胀夹层结构和内凹蜂窝夹层结构的影响，建立了 CFRP X形夹层结构在冲击载荷作用下的动态响应理论模型，讨论了结构在泡沫铝弹冲击下的变形模式和后面板挠度。研究结果表明，CFRP X形夹层结构、双箭头拉胀夹层结构和内凹蜂窝夹层结构在局部脉冲载荷作用下的动态响应均可以分为：局部压缩响应、夹层梁弯曲/剪切波传播和夹层梁整体拉伸响应3个阶段。其中，CFRP X形夹层结构前后面板的局部弯曲和拉伸变形是其主要的能量耗散机制，而双箭头拉胀夹层结构和内凹蜂窝夹层结构除前后面板变形引起的能量耗散外，还通过其夹层的负泊松比特性耗散一部分能量。

第6章 复合材料夹层结构流固耦合性能

对于船舶而言,水下炸药爆炸产生巨大的爆轰冲击波,通过水介质传播到船体外表面,冲击波与船体外表面变形相互影响就会形成流固耦合(Fluid-Structure Interaction, FSI)作用。在不考虑静水压力情况下,入射冲击波到达FSI界面后,产生的反射波以及固体变形产生的稀疏波,三者之间的相互作用可能会使水中产生负压,而水介质几乎不能承受拉应力,因此水中可能产生空化现象。空化气泡经历产生、传播和溃灭过程后,会产生二次加载波,从而对结构进行再次加载,引起二次损伤。因此,在水下爆炸冲击作用下,流固耦合效应是最优结构和材料设计中必不可少的考量。

本章通过一级轻气炮加速飞片撞击活塞的方式模拟水下爆炸冲击波,研究了不同内凹蜂窝夹层结构试样梯度形式、流固耦合因子、冲击波压力峰值对于流固耦合效应的影响。通过高速摄像机捕捉了顺梯度、逆梯度以及均质结构在爆炸冲击波冲击下空化的产生、传播以及溃灭过程。针对不同夹层类型的泡沫夹层结构开展了水下冲击加载实验和数值模拟分析,研究了芯层梯度、加载强度大小对夹层结构的动态响应和空化效应的影响。

6.1 水下冲击载荷下结构响应及空化效应基础理论研究

6.1.1 一维空化效应理论

为了简化起见,Taylor[48]假设当流域内出现空化后,对刚性平板的加载便停止,平板的速度便不再改变,即忽略了空化效应对平板动态响应的影响。然而,研究表明[49],空化产生后,仍有冲击波入射到平板,空化效应对入射压力与平板动态响应的影响不能被忽略。

Kennard[50]的研究提出,水域内空化初次产生的位置会出现两个空化前沿(Breaking Front),即空化波阵面,如图6-1a)所示;并沿相反的两个方向以超声速移动,空化前沿的移动使空化的水域逐渐扩大,如图6-1b)所示。

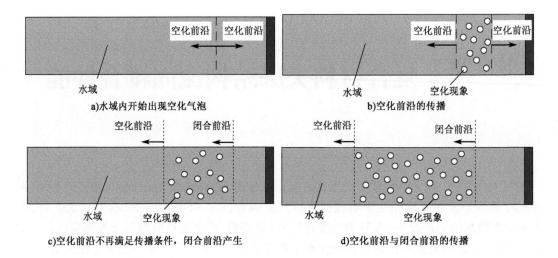

a)水域内开始出现空化气泡　　　　　　　　b)空化前沿的传播

c)空化前沿不再满足传播条件,闭合前沿产生　　　d)空化前沿与闭合前沿的传播

图6-1　水域内空化效应示意图

设流固界面的位置为 $x = 0$ 处,以结构的横向变形或者初始入射冲击波的传播方向为正向,则水域内任意位置 x 在任意时刻 t 时的压力可表示为:

$$p_w(x,t) = p_{in}\left(t - \frac{x}{c_w}\right) + p_r\left(t + \frac{x}{c_w}\right)$$

$$= p_0 e^{-\left(\frac{t}{\theta} - \frac{x}{c_w\theta}\right)} + p_0 e^{-\left(\frac{t}{\theta} + \frac{x}{c_w\theta}\right)} - \rho_w c_w v_p\left(t + \frac{x}{c_w}\right) \tag{6-1}$$

通过求解 $p_w(x,t) = 0$,即:

$$p_0 e^{-\left(\frac{t}{\theta} - \frac{x}{c_w\theta}\right)} + p_0 e^{-\left(\frac{t}{\theta} + \frac{x}{c_w\theta}\right)} - \rho_w c_w v_p\left(t + \frac{x}{c_w}\right) = 0 \tag{6-2}$$

式中: p_{in}——冲击波入射压力,MPa;

$\quad p_r$——冲击波反射压力,MPa;

$\quad p_0$——冲击波峰值压力,MPa;

$\quad c_w$——声速,m/s;

$\quad v_p$——平板运动速度,m/s;

$\quad \theta$——冲击波时间衰减常数。

可得水域内空化前沿移动到某位置 x 处的空化产生时间 $t_c(x)$。对于自由平板问题,水域内空化初次产生的时间为 $t_f = \ln(\psi)\theta/(\psi - 1)$,其中 $\psi = \rho_w c_w \theta/m$, m 为平板面密度, ρ_w 为流体密度,空化初次产生的位置为 $x_f = 0$。

空化前沿的传播需要满足特定的条件,空化前沿在到达水域内 x_{BF} 处时能够继续传播的条件如下：

(1)满足继续朝 x 轴正方向传播的条件，即：

$$
\left.
\begin{aligned}
&p_w\left[t_c(x_{BF}),x_{BF}\right]=0\\
&\left.\frac{\partial v_w}{\partial x}\right|_{x=x_{BF}}>0\\
&\left|\frac{\partial p}{\partial x}\right|<\left.\rho_w c_w\frac{\partial v_w}{\partial x}\right|_{x=x_{BF}}\\
&\left.\frac{\partial p}{\partial x}\right|_{x=x_{BF}}\geqslant 0
\end{aligned}
\right\}
\tag{6-3}
$$

(2)满足继续朝 x 轴负方向传播的条件，即：

$$
\left.
\begin{aligned}
&p_w\left[t_c(x_{BF}),x_{BF}\right]=0\\
&\left.\frac{\partial v_w}{\partial x}\right|_{x=x_{BF}}>0\\
&\left|\frac{\partial p}{\partial x}\right|<\left.\rho_w c_w\frac{\partial v_w}{\partial x}\right|_{x=x_{BF}}\\
&\left.\frac{\partial p}{\partial x}\right|_{x=x_{BF}}\leqslant 0
\end{aligned}
\right\}
\tag{6-4}
$$

流域内 x 处在任意时刻 t 时的流体粒子速度 $v_w(x,t)$ 可表示为：

$$
\begin{aligned}
v_w(x,t) &= \frac{p_{in}\left(t-\dfrac{x}{c_w}\right)}{\rho_w c_w}-\frac{p_r\left(t-\dfrac{x}{c_w}\right)}{\rho_w c_w}\\
&=\frac{p_0}{\rho_w c_w}\mathrm{e}^{\left[\mathrm{e}^{-\left(t-\frac{x}{c_w}\right)}-\mathrm{e}^{-\left(t+\frac{x}{c_w}\right)}\right]}+v_p\left(t+\frac{x}{c_w}\right)
\end{aligned}
\tag{6-5}
$$

当不满足式(6-3)或式(6-4)的条件时，空化前沿的传播便不能继续，同时空化前沿会转化为闭合前沿(Closing Front)，并以低于声速的速度朝反方向移动，闭合前沿的移动会使空化水域内的气泡闭合，从而使空化水的区域缩小。对于所研究的自由平板问题，朝远离结构方向移动的空化前沿总是会满足传播条件，所以该空化前沿会一直朝远离平板的方向移动。由于自由平板问题中初次空化产生的位置为 $x_f=0$ 处，所以另一空化前沿可视为从开始产生便不满足传播的条件，立即停止运动，同时在某些条件下转化为闭合前沿以低于声速的速度往远离平板的方向移动。闭合前沿的移动将使空化气泡闭合，空化的溃灭过程会向平板辐射新的冲击波，因此该闭合前沿的移动会对平板的动态响应产生影响。平板的运动速度表达式和位移表达式仅在 $t<t_f$ 时是适用的，在 $t>t_f$ 时，便不能再用于预测自由平板的响应。

与平板接触的非空化水中的压力场可认为由朝向空化水传播的压力波 $p_{CF,in}$ 与朝远离空化水方向传播的压力波 $p_{CF,out}$ 的叠加。闭合前沿压力条件示意图如图6-2所示。

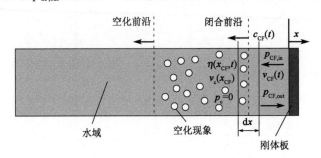

图6-2 闭合前沿压力条件示意图

因此,在非空化流域中,靠近空化流域的边界处压力 p_{CF} 和流体粒子速度 v_{CF} 可表示为:

$$p_{CF} = p_{CF,in} + p_{CF,out} \tag{6-6}$$

$$v_{CF} = v_{CF,in} + v_{CF,out} = -\frac{p_{CF,in}}{\rho_w c_w} + \frac{p_{CF,out}}{\rho_w c_w} \tag{6-7}$$

式中: $v_{CF,in}$、$v_{CF,out}$——与压力波 $p_{CF,in}$ 和 $p_{CF,out}$ 相关联的流体粒子速度,m/s。

取空化流域与非空化流域界面处一个微小的范围 dx 进行分析,如图6-2所示,根据动量守恒关系:

$$(p_{CF} - p_c)dt = (v_{CF} - v_c)(1 - \eta)\rho_w dx \tag{6-8}$$

根据质量守恒关系:

$$\rho_w c_w{}^2 (v_{CF} - v_c) = \left[\rho_w c_w{}^2 \eta + p_{CF}(1 - \eta) \right] c_{CF} \tag{6-9}$$

式中, $\eta(x,t)$ 表示空化流域中空化区域与流体区域的比值,可通过对空化流域内粒子的速度梯度积分获得:

$$\eta(x,t) = \int_{t_c(x)}^{t} \frac{\partial v_c}{\partial x} d\tau > 0 \tag{6-10}$$

式中: v_c——流体粒子的运动速度,m/s。

因为空化流域内的压力与压力梯度都为0,因此只要空化条件持续存在,空化流域内的速度分布与时间无关,空化流域内 x 处的流体速度等于该处空化开始时的流体粒子速度,即:

$$v_c(x) = v_w \left[x, t_c(x) \right] \tag{6-11}$$

同时,闭合前沿的移动速度可表示为:

$$c_{CF} = \frac{dx}{dt} \tag{6-12}$$

结合上式可求得:

$$c_{CF} = \frac{c_w \lambda}{\lambda + (c_w - \lambda)\eta}$$

$$v_{CF} = \frac{\lambda[\lambda + (c_w - \lambda)\eta]}{2\lambda + (c_w - 2\lambda)\eta} \tag{6-13}$$

$$p_{CF} = \frac{(1-\eta)\rho_w c_w \lambda^2}{2\lambda + (c_w - 2\lambda)\eta}$$

$$p_{CF,out} = p_{CF} - p_{CF,in}$$

式中,$\lambda = 2p_{CF,in}/\rho_w c_w - v_c$。

对于自由平板问题,当 $t > t_f$ 时,朝空化水域传递的压力波 $p_{CF,in}$ 可表示为:

$$p_{CF,in}(t) = p_{in}\left(t - \frac{x_{CF}}{c_w}\right) - \rho_w c_w v_p\left(t - \frac{x_{CF}}{c_w}\right) \tag{6-14}$$

入射到平板表面的压力波 p_{in} 随时间的变化可表示为:

$$p_{in}(t) = \begin{cases} p_0 e^{-\frac{t}{\theta}} & (t < t_f) \\ p_{CF,out}(t_{CF}) & \left(t = t_{CF} - \frac{x_{CF}}{c_w}\right) \end{cases} \tag{6-15}$$

由式(6-15)可获得入射到平板表面的压力,求解出自由平板在空化效应发生后的动态响应:

$$2p_{in}(t) - \rho_w c_w v_p(t) = m\frac{d^2 u}{dt^2} \tag{6-16}$$

6.1.2　塑性泡沫材料在水下冲击载荷下的一维动态响应模型

泡沫材料具有密度小、比强度和比刚度高、吸能效果优秀等特点,其力学性能受到许多学者的关注。塑性泡沫的准静态应力-应变曲线可分为3个阶段:①线弹性阶段。泡沫材料压缩初期,应力随应变线性上升。②平台阶段。应力逐渐增大至屈服应力后,应力随着应变的增大几乎不发生改变。③密实化阶段。应变逐渐增大至密实化应变后,应力随着应变的增大急剧上升。1997年,Reid 和 Peng[51]在对木材做冲击实验时发现,在高应变率情况下,木材会出现应力增强现象,并利用理想刚塑性锁定(Rigid-Perfectly Plastic-Locking,RPPL)模型和一维冲击波理论对该现象进行了解释。2005年,Tan 等[52]的研究表明,Reid 和 Peng 的解释同样适用于泡沫材料。理想刚塑性锁定模型假设,材料的弹性模量为无穷大而塑性模量为零。材料在受到载荷的作用时,没有线弹性阶段而直接进入塑性阶段,被压缩时没有横向变形,应变逐渐增大直至密实化应变,当材料应变超过其密实化应变时,材料被认为是理想的刚性体,弹性模量为0,如图6-3所示,其中 σ_c 表示屈服应力,ε_D 表示致密化应变。随后将简述泡沫材料在水下冲击载荷下的动态响应问题。

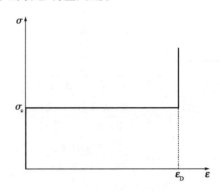

图6-3　RPPL模型应力-应变曲线示意图

塑性泡沫材料水下冲击载荷物理模型如图6-4所示。

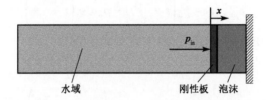

图6-4　塑性泡沫材料水下冲击载荷物理模型

被冲击结构由一面密度为 m_f 的刚性面板和泡沫材料组成,假设泡沫材料的本构模型为理想刚塑性锁定模型,其压缩屈服强度为 σ_c,密实化应变为 ε_D,初始密度为 ρ_0,密实化密度为 ρ_D。同样设入射冲击波 $p_{in}{}^f$ 的大小为:

$$p_{in}{}^f = p_0 e^{-\frac{t}{\theta}} \tag{6-17}$$

刚性面板在受到冲击波加载时加速运动,刚性面板的运动会对泡沫材料进行压缩,泡沫材料在压缩的过程中,与刚性面板接触的部分最先产生塑性变形并与刚性面板一同运动,而塑性变形逐渐向运动方向传播,犹如在泡沫材料中产生了一个塑性波,该塑性波经过区域的泡沫已达到密实化应变,塑性波未达到区域的泡沫仍保持原来的性质,如图6-5所示。

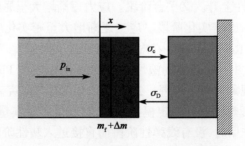

图6-5　塑性泡沫材料动态压缩示意图

根据一维冲击波理论,塑性波前的压力大小为:

$$\sigma_D = \sigma_c + \frac{\rho_0}{\varepsilon_D}\frac{du}{dt} \tag{6-18}$$

式中:u——被压实的泡沫的运动速度,m/s。

由于被压实泡沫与刚性面板一同运动,所以两者具有相同的速度和位移。结构在未产生空化前的运动方程为:

$$2p_0 e^{-\frac{t}{\theta}} - \rho_w c_w \frac{du}{dt} - \sigma_0 - \frac{1}{\varepsilon_D}\frac{d^2u}{dt^2} = \left(m_f + \rho_0\frac{u}{\varepsilon_D}\right)\frac{d^2u}{dt^2} \tag{6-19}$$

结合条件 $u(0) = 0, \dot{u}(0) = 0$ 可求解结构前期的运动速度 $v_s(t)$ 及位移 $u_s(t)$。流域内某处 x 在任意时刻 t 的压力可表示为:

$$p_w(x,t) = p_0 e^{-\left(\frac{t}{\theta} - \frac{x}{c_w\theta}\right)} + p_0 e^{-\left(\frac{t}{\theta} + \frac{x}{c_w\theta}\right)} - \rho_w c_w v_s\left(t + \frac{x}{c_w}\right) \tag{6-20}$$

令 $p_w(x,t) = 0$,由式(6-20)得到水域内每处空化产生的时间 $t_c(x)$,取 $t_f = \min\{t_c(x)\}$ 为水域内空化产生开始的时间,x_f 为水域内空化开始产生的位置。对于该问题,水域内初次空化产生的位置 x_f 不一定是 $x = 0$ 处。

当 $x_f \neq 0$ 时,从空化开始产生的位置 x_f 会出现两个空化前沿,并沿相反的两个方向以超声速传播,使空化区域逐渐扩大。空化前沿在某种情况下会停止运动保持停滞状态或转化为闭合前沿,并以低于声速的速度朝反方向传播。

当 $t > t_f$ 时,往远离结构方向传播的空化前沿总是能满足传播条件。而朝结构方向传播的空化前沿在某一时刻 $t = t_{rest}$ 时将不再满足传播条件,随后转化为闭合前沿并以低于声速的速度朝反方向移动,记 $t = t_{rest}$ 时空化前沿所在位置为 $x = x_{rest}$。闭合前沿的移动将使空化溃灭并向结构辐射新的冲击波,当因空化溃灭辐射的冲击波到达结构表面时,式(6-19)不再适用,所以结构的运动速度 $v_s(t)$ 和位移 $u_s(t)$ 仅在 $t < (t_{rest} - x_{rest}/c_w)$ 时有效,而对于流域内粒子的运动速度和流域内的压力分布仅在 $t < t_{rest}$ 时是有效的。

当 $t < (t_{rest} - x_{rest}/c_w)$ 时,入射到闭合前沿的压力波可表示为:

$$p_{CF,in}(t) = p_r\left(t - \frac{x_{CF}}{c_w}\right) \tag{6-21}$$

入射到结构表面的压力可表示为:

$$p_{in}(t) = \begin{cases} p_0 e^{-\frac{t}{\theta}} & \left(t < t_f - \dfrac{x_{rest}}{c_w}\right) \\ p_{CF,out}(t_{CF}) & \left(t = t_{CF} - \dfrac{x_{CF}}{c_w}\right) \end{cases} \tag{6-22}$$

因此结构的运动方程可统一表示为：

$$2p_{\text{in}}(t) - \rho_{\text{w}} c_{\text{w}} \frac{\mathrm{d}u}{\mathrm{d}t} - \sigma_0 - \frac{1}{\varepsilon_{\text{D}}} \frac{\mathrm{d}^2 u}{\mathrm{d}t^2} = \left(m_{\text{f}} + \rho_0 \frac{u}{\varepsilon_{\text{D}}} \right) \frac{\mathrm{d}^2 u}{\mathrm{d}t^2} \tag{6-23}$$

式(6-23)结合初始条件 $u(0) = 0$，$\dfrac{\mathrm{d}u}{\mathrm{d}t}(0) = 0$，便可准确地获得泡沫材料在水下爆炸冲击载荷下的一维动态响应。

6.2 夹层结构柱式激波管实验

6.2.1 内凹蜂窝夹层结构柱式激波管实验

根据实验室模拟水下爆炸指数衰减冲击波机理，设计采用40mm内径一级轻气炮加速铝制飞片冲击活塞产生冲击波。流固耦合实验中设计加工的活塞与飞片如图6-6a)、c)所示。实验中采用两种厚度的铝制飞片，厚度分别为4mm和6mm，直径均为32mm。活塞厚度为14mm，活塞厚度中部位置预留O形密封圈槽，槽宽约3.6mm。考虑到冲击加载时飞片与活塞的正碰，使用聚氨酯泡沫制作弹托以保证冲击的正碰性，如图6-6b)所示。

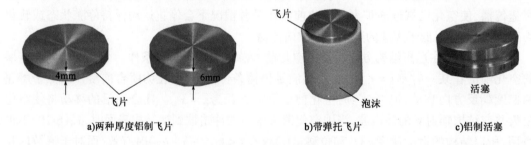

a)两种厚度铝制飞片   b)带弹托飞片   c)铝制活塞

图6-6 冲击加载零件

图6-7 压电式压力传感器及信号线

考虑到冲击波加载时亚克力管的环向变形对于冲击能量耗散的影响，为了测试管中冲击波的压力历程和传播速度，在亚克力玻璃管上开孔去安装压电式压力传感器，传感器如图6-7所示。传感器型号为SEN2001/2002，灵敏度为30pC/MPa。传感器前端透过管壁上的孔收集水中的冲击波压力，通过电荷放大器和示波器放大并采集电压信号。电压信号与压力信号之间的转换关系可由式(6-24)描述：

$$压力 = \frac{输出电压}{传感器灵敏度 \times 增益} \tag{6-24}$$

式中，压力单位为MPa，输出电压单位为mV，传感器灵敏度单位为pC/MPa,增益为无量纲量。图6-8为流固耦合实验加载装置示意图,加载装置包含飞片、活塞以及亚克力透明管等。飞片通过一级轻气炮加载获得初速度,飞片后端装有充当弹托作用的聚氨酯泡沫。透明管总长1.2m,管内径为40mm,管壁厚10mm。试样装配到管的冲击远端,背部使用刚性板约束位移。

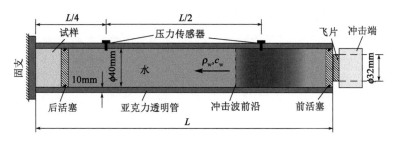

图6-8 流固耦合实验加载装置示意图

通过热压成型方法制备的试样实物图如图6-9所示。考虑到透明管直径尺寸的限制,面板与芯子通过CNC切割成合适大小。面板切割成略小于管内径的圆形碳纤维板,其铺层顺序为$[0°/90°/0°]_s$。均质结构芯子铺层为6层预浸料铺设,梯度结构芯子铺层为4层、6层和8层预浸料铺设。均质结构芯子铺层顺序与面板相同,梯度结构夹层铺层顺序与第2章内凹蜂窝夹层铺层顺序一致,均采用对称铺设方式。切割完成的面板和芯子,通过前文提到的环氧树脂胶膜进行粘接,得到最终的试样。

a)面板   b)内凹蜂窝芯子   c)内凹蜂窝试样   d)实验所用试样

图6-9 流固耦合试样

由于亚克力透明管在受到冲击波作用时会发生一定程度的环向变形,冲击波的能量也会耗散一部分,从而影响冲击波的传播速度,因此,需要使用压力传感器测试水中冲击波的传播速度。测定冲击波速度时,管中不装配试样,使用边界约束试样冲击远端活塞的位移,模拟刚性固定边界条件。考虑到冲击端对压力信号的影响以及传感器的安装距离,采用长度为2m、距离两端1/4管长位置处开孔的亚克力玻璃管作为冲击波传播速度测试管。同时考虑到开孔引入的缺陷,使用较小的压力驱动飞片产生较低的初速度。根据两测点处压力曲线峰值出现的时间间隔,计算出水中冲击波波速大小,作为数值模拟中水的本构模型的输入。

如图6-10所示,两开孔处的压力传感器作为冲击波压力测试两测点,定义靠近冲击端传感器1为测点1,靠近试样端传感器2作为测点2。图6-10给出了两种厚度飞片不同速度冲击活塞后两测点传感器给出的压力历程。从图中看出,测点2的压力峰值要稍稍高于测点1处压力峰值,这与冲击波作用时管的环向变形以及冲击碰撞扰动导致压力信号的波动有关。入射冲击波在经由两测点时没有明显衰减,测点2处的入射波和反射波之间也并未衰减太多,但反射波传播到测点1时较入射波衰减较大。

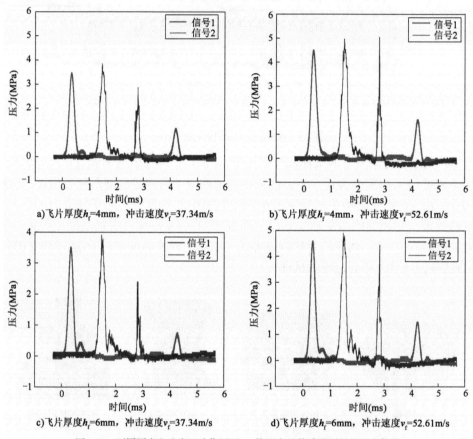

a)飞片厚度h_f=4mm,冲击速度v_f=37.34m/s

b)飞片厚度h_f=4mm,冲击速度v_f=52.61m/s

c)飞片厚度h_f=6mm,冲击速度v_f=37.34m/s

d)飞片厚度h_f=6mm,冲击速度v_f=52.61m/s

图6-10 不同厚度和速度飞片作用下2m管测点处传感器测得的压力信号

图6-11给出了4mm厚度飞片以56.87m/s的速度冲击活塞产生的冲击波作用在顺梯度结构上结构与流体耦合响应的过程。取空化出现前一帧作为流固响应的初始时刻,在0.04ms时靠近流固界面处出现小范围的空化区域。考虑到高速摄像机记录的间隔,取初始空化区域中间位置为空化产生的起始点。随着试样的继续压缩变形以及稀疏波的传播,在0.34ms时空化波前(Breaking Front,BF)继续向右传播,直至充满拍摄区域的管长。当左侧空化气泡到达活塞界面并作用一段时间后,左侧的空化前沿在1.74ms时转化为以闭合波前(Closing Front,CF)并向远离流固界面方向传播。随着空化波前的继续传播,在3.74ms时空化气泡半径逐渐变大,且在空化波前附近气泡出现气泡的溃灭现象。最终,空化气泡在8.64ms时全部溃灭,且试样出现了一定程度的回弹。

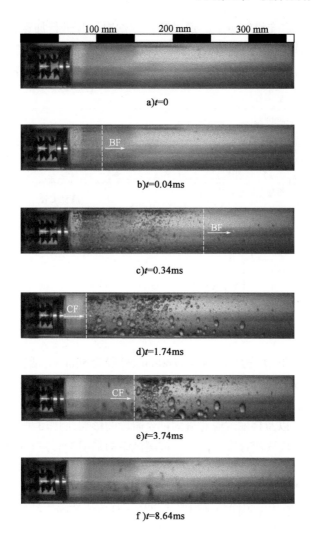

图6-11　4mm厚度飞片作用下顺梯度结构流固耦合响应

6.2.2　梯度泡沫夹层结构柱式激波管实验

相比于许多学者的研究,本节在Deshpande[53]所设计的激波管实验设备的基础上,用透明水管代替钢管,并结合高速摄像技术,可直接对水域中的空化现象进行观察,能更好地研究空化效应机理。

水下冲击加载实验设备如图6-12所示。设备由透明亚克力玻璃管、前活塞、固定支撑结构、支撑填充结构、飞片、高速摄像机等装置组成。

水管内的水域两端以14mm厚的铝制活塞进行密封,每个活塞有一个凹槽用于放置O形密封圈;同时,活塞周向缠绕生胶带以确保被测试结构的水密性,被测试结构放置于其中一个活塞之后,紧靠在固定支撑装置上。通过高压气炮对飞片进行加速,使飞片撞击到铝活塞来产生冲击波,随后冲击波通过水域传播并对被测试结构进行加载。使用高速摄像机对被测结构的响应、空化的产生、扩散与溃灭的过程进行记录,研究更为完善的空化效应机理。

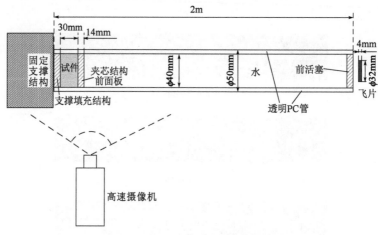

图6-12　水下冲击加载实验设备示意图

使用的透明PC管的长度为2m、内径为40mm、外径为50mm。活塞和飞片的材质为1060铝材,活塞厚度为14mm,飞片直径为32mm、厚度为4mm。实验过程中使用的高速摄像机为FASTCAM S-Z,全帧像素为896×368,帧率为40000FPS。

为了研究芯材强度以及梯度效应对流固耦合阶段的影响,制作3种不同密度的泡沫组成的梯度泡沫夹层结构作为流固耦合实验试样。被测试结构采用3种厚度相同、密度不同的聚氨酯泡沫和6种阶梯梯度的聚氨酯泡沫。3种聚氨酯泡沫为圆柱状,直径为40mm,厚度为30mm,密度分别为$\rho_1 = 40\text{kg/m}^3$、$\rho_2 = 60\text{kg/m}^3$和$\rho_3 = 80\text{kg/m}^3$。阶梯梯度泡沫由3种密度不同、直径为40mm、厚度为10mm的泡沫以不同的排列形式组成。梯度泡沫夹层结构以泡沫为芯子,前后均以直径40mm、厚14mm的铝制圆板为面板,不考虑面板的变形。对聚氨酯泡沫夹层结构开展不同加载强度的实验研究,如图6-13所示。9种类型的被测试件如下:①单层低密度(Single-Low,SL);②单层中密度(Single-Middle,SM);③单层高密度(Single-High,SH);④三层低/中/高梯度密度(L-M-H);⑤三层低/高/中梯度密度(L-H-M);⑥三层中/低/高梯度密度(M-L-H);⑦三层中/高/低梯度密度(M-H-L);⑧三层高/低/中梯度密度(H-L-M);⑨三层高/中/低梯度密度(H-M-L)。

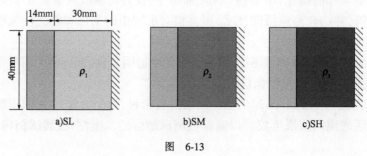

图　6-13

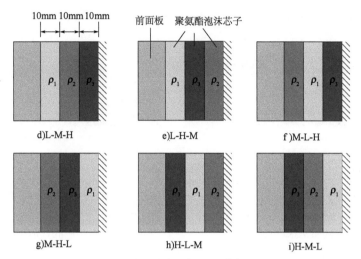

图6-13　泡沫夹层结构形式及边界条件示意图

　　该实验的边界条件为夹层结构背板完全固支,当冲击波从飞片撞击端传播到夹层结构前面板时,活塞开始运动并对泡沫进行压缩,泡沫的压缩量与入射压力的大小、泡沫的密度和活塞与水管内壁的紧密程度有关。飞片初始撞击速度为110m/s、水管长度为2m时,泡沫夹层结构最大压缩量见表6-1。

飞片初始撞击速度为110m/s、水管长度为2m时泡沫夹层结构最大压缩量　　　表6-1

编号	芯层类型	最大压缩量(mm)
1	SL	15.0788
2	SM	9.5038
3	SH	4.7922
4	L-M-H	11.4738
5	L-H-M	11.5345
6	M-L-H	9.625
7	M-H-L	11.3619
8	H-L-M	10.2405
9	H-M-L	9.5578

　　由表6-1可知,聚氨酯泡沫的最大压缩量随着泡沫密度的增加而减小;同时泡沫梯度的不同对最大压缩量的大小影响不大,但泡沫的梯度影响首先发生在压缩的位置。

　　图6-14给出了初始撞击速度为110m/s的飞片撞击下SL泡沫芯层的空化现象示意图。图6-14a)所示在从右向左传播的压力波到试样($t = 0$)瞬间时的状态。如图6-14b)所示,观察到在试样压缩后不久,在水域中出现了空化空泡,它们出现在距流体固体界面一定距离处。如图6-14c)所示,当试样进一步压缩时,空化前沿向流体固体界面传播,同时空泡尺寸

增大。如图6-14d)~f)所示,空化前沿停止传播并产生一闭合前沿向右传播,使空化气泡闭合,最终消失。

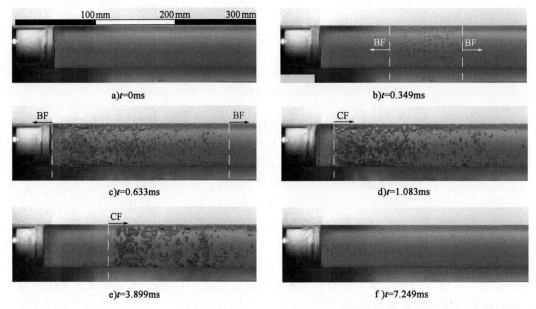

a)t=0ms   b)t=0.349ms

c)t=0.633ms   d)t=1.083ms

e)t=3.899ms   f)t=7.249ms

图6-14   SL泡沫芯层的空化现象示意图

6.3   夹层结构柱式激波管仿真

6.3.1   内凹蜂窝夹层结构柱式激波管仿真

本节使用ABAQUS/Explicit中的声固耦合算法模拟碳纤维内凹蜂窝夹层结构水下爆炸流固耦合响应过程。考虑到整体模型的对称性,为了提高计算精度和节省计算时间,取1/4长度水域及试样的一半模型进行有限元建模,模型示意图如6-15所示。

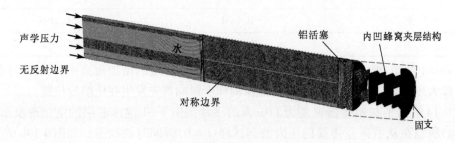

声学压力

无反射边界

水

对称边界

铝活塞

内凹蜂窝夹层结构

固支

图6-15   流固耦合分析有限元模型

水域网格类型为AC3D8R单元,结构网格类型为C3D8R单元。由于水域中水体的空化会导致水中压力场和速度场的截断,因此对冲击波传播方向上的水体需要进行网格细化。参考Schiffer等[54]对复合材料板流固耦合响应分析有限元模型中对水域网格的划分,水体沿冲击波传播方向的网格尺寸设置为0.15mm,径向和环向网格尺寸取1mm。内凹蜂窝夹层结构面板和芯子以及铝制活塞的网格尺寸均设置为1mm,且活塞湿表面网格与水域横截面网格保持一致。冲击波压力使用声学压力(Acoustic Pressure)边界的形式施加到加载面,同时,在加载面上定义平面无反射声学阻抗(Nonreflecting Acoustic Impedance:Planar)边界。为了模拟管壁的约束作用,活塞和前面板的纵向自由度被释放,其他方向自由度均被约束。

图6-16所示绘制了3种梯度形式试样在4mm厚度飞片以56.87m/s的速度冲击下的响应过程。图例中结尾字母"E"代表实验结果,"N"代表数值仿真结果。结果表明,冲击早期试样的位移响应吻合较好,后续回弹过程存在一定误差。

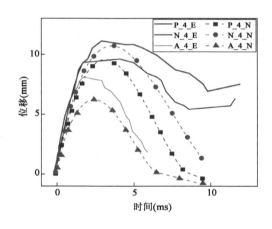

图6-16　4mm厚度飞片以56.87m/s的速度冲击下各梯度形式试样压缩响应对比

综上所述,仿真对于空化波前BF传播和试样最大压缩变形预测较好,而对闭合波前CF的传播速度的预测误差稍大。造成这部分误差的原因在于人为引入截断压力可能会破坏低于截断压力的负压在流固耦合过程中所起的作用。

图6-17给出了4mm厚度飞片冲击活塞冲击顺梯度结构时实验和数值仿真流固耦合过程对比,图中v_i表示飞片速度,φ表示无量纲变量流固耦合因子。从对比结果看出,在流固耦合初始阶段,实验和仿真的空化波前的移动吻合较好;而随着闭合波前形成传播,实验闭合波前的移动速度较仿真的更大。这是因为数值仿真中水的截断压力、水体的本构模型以及结构失效参数的设置等都可能会降低空化区域的闭合速度。

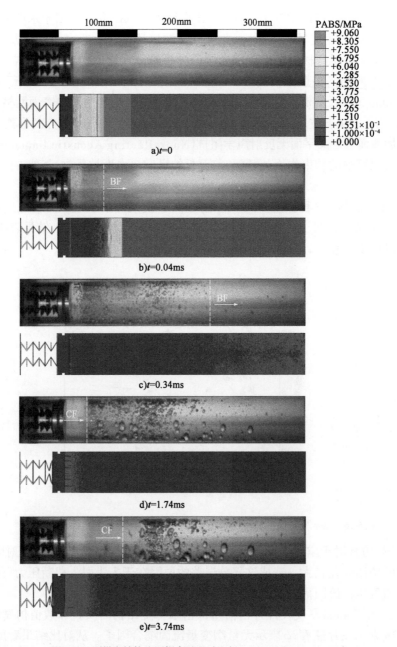

图 6-17 顺梯度结构流固耦合过程对比($v_f = 56.87\text{m/s}$, $\psi = 6.47$)

6.3.2 梯度泡沫夹层结构柱式激波管仿真

本节采用 ABAQUS/Explicit 商业有限元软件,基于改良的流固耦合实验,建立了一维有限元模型并进行了分析,确定了有限元分析对解决该类问题的可行性。梯度泡沫夹层结构柱式激波管仿真有限元几何模型如图6-18所示。刚性面板,飞片的直径为32mm,刚性面板和活塞的直径都为40mm,刚性面板和活塞的厚度为14mm,飞片的厚度为4mm。飞片和刚性面板的材料属性都设置为各向同性金属材料,材料的密度为2700kg/m³,杨氏模量为70GPa,泊松比为0.3。水域长2m、直径40mm,水的密度为1000kg/m³。理论上声速在水中传播的速度为1500m/s,但由于实验设备的限制,很大程度上影响了声音在水中传播的速度,Schiffer[56]曾测得声速在该类实验装置中水管内传播的速度为1000m/s。利用ABAQUS材料库中的Crushable Foam本构模型来模拟泡沫芯层的本构关系,Crushable Foam本构模型是模拟泡沫材料的常用本构模型,该模型需要给出泡沫进入塑性阶段后的应力-应变曲线,分别取试样1、试样4和试样7的工程应力-应变曲线作为密度分别为40kg/m³,60kg/m³和80kg/m³的聚氨酯泡沫的本构参数,并通过公式把工程应力-应变结果转化为真实应力-应变结果。

$$\varepsilon_{\text{true}} = \ln\left(\frac{l}{l - \varepsilon_{\text{nom}}}\right) \tag{6-25}$$

式中:$\varepsilon_{\text{true}}$——真实应变;

　　ε_{nom}——名义应变;

　　l——试样长度,m。

Crushable Foam本构模型给出了两种描述应变率效应的方法:①利用Cowper-Symonds模型对塑性应变率与屈服应力比之间的关系进行拟合;②以表格形式输入材料的动态本构模型。本节采用第二种方式,基于Crushable Foam本构模型的泡沫参数见表6-2。使用CPE4R单元对活塞和聚氨酯泡沫进行离散,由于使用的是声学有限元的方法,所以需要使用AC2D4R声学单元对流域进行离散。限制泡沫芯层后端的所有平动和转动自由度。流体和刚性面板、刚性面板和泡沫芯层使用Tie接触。具体有限元模型可如图6-18所示。

基于 Crushable Foam 本构模型的泡沫参数　　　　表6-2

编号	密度 (kg/m³)	杨氏模量 (MPa)	泊松比	压缩屈服 应力比	塑性泊松比	屈服 应力比	等效塑性 应变率
1	40	3	0.3	1.732	0	1.113	0.0028
2	60	6	0.3	1.732	0	1.0267	0.0028
3	80	10	0.3	1.732	0	1.1694	0.0028

图6-18　梯度泡沫夹层结构柱式激波管仿真有限元几何模型示意图

图 6-19 给出了飞片初始撞击速度分别为 45m/s 和 110m/s 有限元仿真的入射压力信号,压力波随时间衰减的形式近似于水下爆炸的指数衰减形式。对两个入射压力波信号进行拟合,拟合信号和有限元仿真信号基本一致。

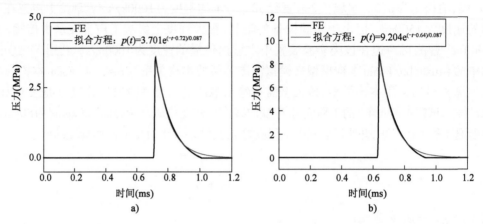

图 6-19 飞片初始撞击速度分别为 45m/s a)和 110m/s b)有限元仿真的入射压力信号和拟合方程(管长 $L=1m$)

最大压缩量有限元结果与实验结果对比见表 6-3。由表 6-3 可得,泡沫芯层的最大压缩量实验值与有限元分析值较为吻合。观察芯层类型为 SM 和 L-M-H 的夹层结构分别在飞片初始撞击速度为 45m/s 和 110m/s 时的最大压缩量,可发现在飞片初始撞击速度相同时,梯度泡沫夹层结构的最大压缩量比均质泡沫夹层结构的大,说明均质夹层结构的抗水下冲击能力比与其平均密度相等的梯度泡沫夹层结构好。

泡沫芯层结构最大压缩量值 表 6-3

编号	芯层类型	飞片速度（m/s）	最大压缩量(mm)	
			实验测得	有限元分析结果
1	SL	110	15. 5278	16. 5494
2	SM		9. 5038	9. 1284
3	SH		4. 9179	6. 0231
4	L-M-H		11. 0682	11. 522
5	SL	45	3. 2152	4. 6771
6	SM		1. 8525	2. 2353
7	SH		1. 235	1. 7845
8	L-M-H		2. 4854	3. 6684

如图 6-20 所示,水管长度为 1m,飞片初始撞击速度为 110m/s 时,芯层类型分别为 SL、SM、SH 和 L-M-H 的梯度夹层结构空化前沿和闭合前沿的传播轨迹有限元分析结果与实验测得结果。值得一提的是,从有限元计算结果中提取空化前沿与闭合前沿的位置需要通过编

写pytho脚本,对odb文件进行后处理,捕捉水域内压力为0的位置来实现。通过观察图6-20可发现,有限元分析结果与实验结果存在一定的误差。这是由于在实验中存在摩擦、管壁膨胀等因素,但总体上误差不大。

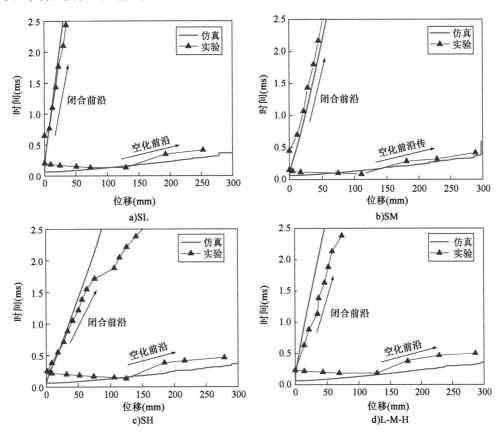

图6-20　不同芯层类型梯度夹层结构空化前沿和闭合前沿传播轨迹有限元分析与实验测得结果

（管长L=1m,飞片初始撞击速度v_h=110m/s）

6.4　本章小结

本章主要基于实验和数值模拟分析,研究了碳纤维复合材料夹层结构在水下均布冲击载荷作用下的抗冲击性能。基于非接触式水下冲击模拟器进行了实验研究,得到了复合材料内凹蜂窝夹层结构和梯度泡沫夹层结构在不同的水下冲击强度下的动态响应情况和失效模式,基于此建立了考虑复合材料渐进损伤失效和流固耦合的数值分析模型。此外,通过高速摄像机捕捉了空化产生、传播和溃灭过程及位置信息。

研究结果表明,对于复合材料内凹蜂窝夹层结构而言,梯度泡沫夹层结构在受一次冲击波作用后产生较大的压缩位移,随着流固耦合作用后开始出现明显的回弹,最终空化溃灭后出现明显的二次加载现象。而均质结构在受一次冲击波作用后压缩位移较小,且空化溃灭后也未观察到二次加载波作用的压缩响应。因此,在同等相对密度下,均质结构较梯度结构有更好的抗水下冲击性能。对于泡沫夹层结构而言,夹层梯度的改变对闭合前沿的传播速度影响不大。均质泡沫夹层结构的抗水下冲击性能比与其平均密度相同的梯度泡沫夹层结构强。

第7章

●●●●

复合材料夹层结构水下冲击性能

船舶在海上执行作战任务时,除了常规的地舰、空舰以及岸舰导弹的直接接触打击方式,水下非接触式的打击模式对于船舶的破坏也受到越来越多船舶设计人员的关注。碳纤维复合材料作为一种高比模量的材料,具有较高的弹性波速,即复合材料在承受水下爆炸冲击载荷时更能传递载荷至整体结构,从而减小结构的破坏损伤。因此,对于碳纤维复合材料夹层结构的抗水下爆炸冲击的研究是必要的。本章将开展实验室尺度的水下爆炸冲击加载实验,对复合材料内凹蜂窝夹层结构和点阵夹层结构的抗水下爆炸冲击性能进行探究。实验主要探究同等相对密度下结构的梯度配置形式对内凹蜂窝夹层结构水下爆炸冲击响应以及变形失效模式的影响,同时探讨不同冲击加载强度下复合材料点阵夹层结构的动态冲击响应和变形失效模式。

7.1 复合材料夹层结构水下冲击实验

7.1.1 内凹蜂窝夹层结构水下冲击实验

7.1.1.1 实验方法及试样

本章采用一级轻气炮加载下的扩散式激波管装置模拟水下爆炸冲击载荷对碳纤维内凹蜂窝夹层结构的加载作用,整体实验装置如图7-1所示。

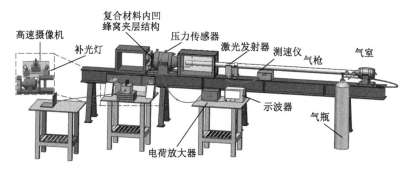

图7-1 实验室水下爆炸扩散式冲击实验装置

整体实验设备可分为三部分:常规一级轻气炮加载台及扩散式激波管、水下爆炸压力采集装置以及高速摄像装置。扩散式激波管装置相较于直柱式的激波管有更大的加载面积,可以对大尺寸的结构进行水下爆炸指数式衰减形式的平面冲击波加载,其冲击波的平面性在 Huang[55] 和任鹏[56]的文章中通过平面因子得到了验证。加载区域尺寸约为直径152mm的圆形区域,如图7-2a)所示。考虑到螺栓环形夹持导致观测的不便以及碳纤维材料脆性失效破坏的特性,实验中采用简化的简支边界条件约束内凹蜂窝夹层结构的背板变形,如图7-2b)所示。

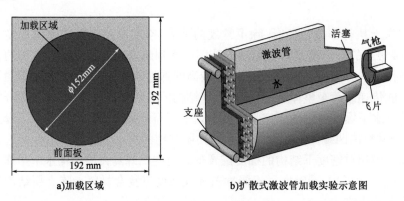

a)加载区域   b)扩散式激波管加载实验示意图

图7-2 内凹蜂窝夹层结构水下冲击实验试样及加载装置

实验中使用的飞片和活塞均采用钢制飞片,如图7-3所示。活塞的直径与激波管管口直径相同,直径 d_p = 66.0mm,厚度 h_p = 12.0mm,活塞中部位置预留约4mm宽度的槽用来安装O形密封圈。飞片直径(d_f)略小于活塞直径,d_f = 58.0mm,厚度 h_f = 9.8mm。在飞片撞击活塞后,飞片中仅产生压缩波向自由端传播,而活塞中先产生局部的剪切波,而转化为平面压缩波(Saint Venant原理)向激波管中的水传去。实验中,飞片在3种气压下的入射速度分别为78.5m/s、107.8m/s 和121.3m/s,对应的气室压力分别为0.5MPa、0.75MPa 和1.0MPa。在轻气炮靠近炮口处,炮管上的开孔处安装了激光测速装置,通过测量飞片前端到达两激光发射口的时间差计算飞片的入射冲击速度。实验中使用的高速摄像机型号为NAC ACS-3,其摄录帧率设置为50000帧/s,分辨率设置为1280×896,采用中央点触发模式。实验中为了保证图像采集质量,使用两台可调节光强的补光灯进行补光。除此之外,实验中使用压电式压力传感器记录冲击所产生的冲击波电压信号,传感器的型号为SEN2001/2002,灵敏度为30pC/MPa,电压信号经由电荷放大器放大再由示波器显示并记录。

图7-3 扩散式激波管加载实验所用活塞(左)和飞片(右)

实验的基本过程可分为3个阶段:(1)将飞片放置到轻气炮炮管的指定位置,关闭气室阀门以及进气阀阀门。然后,将活塞安装到激波管管口,活塞与激波管管口平齐,从而保证飞片和活塞的正碰。接着,安装试样,向激波管内部注水,注完水后要做好试样与激波管之间的水密性检查,最后安装压力传感器。(2)对气室进行充气,当压力稳定后,关闭进气阀门,然后将示波器与高速摄像机均调节为待触发状态。在释放气室压力促使飞片运动的同时,触发高速摄像机收集试样在冲击过程中的变形过程。(3)分别记录下速度传感器记录的飞片初始冲击速度、示波器显示的电压-时间曲线以及电脑记录的高速冲击过程。然后,拆卸试样并准备下一组实验,重复上述步骤。

用于进行水下爆炸冲击实验的试样由两层碳纤维面板、三层碳纤维内凹蜂窝芯层构成,层与层之间采用本书第2章提到的环氧树脂胶加热固化粘接而成。为了对比结构的梯度配置形式以及相对密度对于碳纤维内凹蜂窝夹层结构抗水下爆炸冲击性能的影响,实验测试了4种类型的内凹蜂窝夹层结构:相对密度较低的顺梯度结构(RH-P)、逆梯度结构(RH-N)和6层均质结构(RH-A6)以及相对密度较高的10层均质结构(RH-A10)试样,如图7-4所示。顺梯度结构试样的三层芯子由上至下分别为4层铺层芯层($[0°/90°]_s$)、6层铺层芯层($[0°/90°/0°]_s$)和8层铺层芯层($[(0°/90°)_2]_s$),如图7-4a)所示。逆梯度结构试样的芯层顺序与正梯度相反,各芯层铺层角度相同,如图7-4b)所示。均质结构试样的三层芯层铺层顺序一致,6层均质结构试样的芯层为6层铺层芯层($[0°/90°/0°]_s$),如图7-4c)所示。10层均质结构试样的铺层芯层为10层铺层芯层($[0°/90°/0°/90°/0°]_s$),如图7-4d)所示。对于面板,梯度结构试样与6层均质结构试样的面板铺层为$[0°/90°/0°]_s$,10层均质结构试样的面板铺层为$[0°/90°/0°/90°/0°]_s$。此外,如图7-4d)所示给出了测量背板挠度的测点位置分布情况。

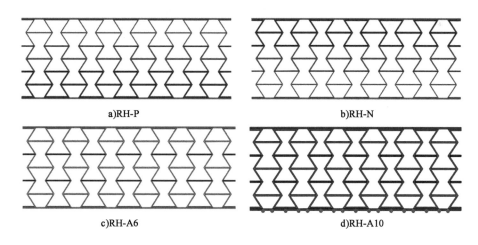

a)RH-P　　　　　　　　　　　　　　　b)RH-N

c)RH-A6　　　　　　　　　　　　　　d)RH-A10

图7-4　水下爆炸冲击内凹蜂窝夹层结构

7.1.1.2　水下爆炸冲击实验结果及分析

为了研究碳纤维复合材料内凹蜂窝夹层结构的抗水下爆炸冲击性能,同时考虑结构梯度形式与相对密度对于结构抗冲击性能的影响,对顺梯度、逆梯度以及不同相对密度的均质结构试样进行模拟水下爆炸冲击实验。实验中通过改变一级轻气炮的充气压力,以获得低、中、高3种飞片初始冲击速度。顺梯度结构、逆梯度结构和均质6层结构试样按照冲击速度的增大进行编号。为了统一表征模拟水下爆炸冲击波的冲量大小,引入无量纲冲量$\bar{I}$:

$$\bar{I} = \frac{I_0}{\rho_w c_w \sqrt{A_0}} = \frac{\rho_f h_f v_0}{\rho_w c_w \sqrt{A_0}} \tag{7-1}$$

式中:ρ_w, ρ_f——水和飞片的密度,kg/m³;

$\quad I_0$——受载面所受冲量,kg·m/s;

$\quad A_0$——受载面积,m²;

$\quad c_w$——水的波速,m/s;

$\quad h_f$——飞片厚度,m;

$\quad v_0$——飞片速度,m/s。

由于受载面受到冲击时会出现流固耦合现象,使用Taylor固支边界下刚性板冲量作为本节中试样受载面所受冲量并不准确,因此将单位面积飞片的入射冲量进行式(7-1)的无量纲冲量计算,计算所得结果可以作为无量纲冲量参考。飞片速度对应的3种无量纲冲量范围为:低冲量($\bar{I}$ = 0.0270~0.0284),中等冲量($\bar{I}$ = 0.0401~0.0422)和高冲量($\bar{I}$ = 0.0459~0.0470)。

表7-1给出了不同梯度结构形式和相对密度下碳纤维内凹蜂窝夹层结构在不同初速度飞片撞击产生模拟爆炸冲击波加载下的无量纲冲量、背板中心点最终变形量以及冲击后的变形和失效模式。

水下爆炸冲击实验工况及结果 表7-1

梯度结构形式/相对密度	编号	飞片初速度 v_0(m/s)	无量纲冲量 $\bar{I}$	背板中心点最终变形量 d_r(mm)	变形/失效模式
顺梯度配置	RH-P-L	74.6	0.0284	2.0	NE,FF,D
	RH-P-M	107.8	0.0411	3.2	NE,FF,D
	RH-P-H	120.5	0.0459	5.8	NE,FF,D
逆梯度配置	RH-N-L	71.0	0.0270	1.5	NE,D
	RH-N-M	95.6	0.0422	1.8	NE,D
	RH-N-H	121.3	0.0462	7.5	NE,FF,D,DB
均质6层	RH-A6-L	78.5	0.0300	1.5	NE
	RH-A6-M	105.4	0.0401	1.8	NE
	RH-A6-H	123.4	0.0470	4.5	NE,D,DB
均质10层	RH-A10-H	122.6	0.0467	1.5	NE

注:NE-非弹性变形;FF-纤维断裂;D-分层;DB-面芯界面脱粘;L-低等冲量;M-中等冲量;H-高等冲量。

为了更好地阐释碳纤维复合材料内凹蜂窝夹层结构在水下爆炸载荷下的变形失效机理,通过高速摄像机记录内凹蜂窝夹层结构在3种冲量下的变形过程,如图7-5～图7-7所示。与弹体直接接触冲击实验不同,水下爆炸模拟冲击实验难以判断冲击波刚好到达试样表面的时间点,故取试样整体开始产生位移响应的前一帧作为初始时刻。

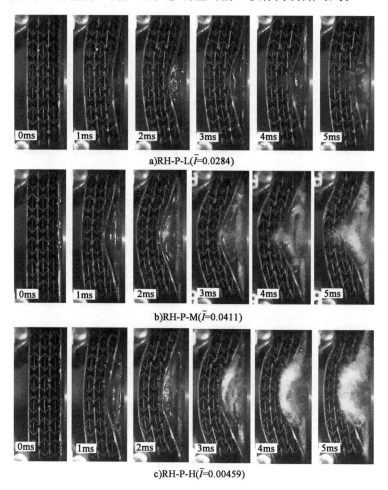

图7-5　顺梯度内凹蜂窝夹层结构水下爆炸冲击响应

如图7-5所示,分别给出了内凹蜂窝顺梯度结构RH-P在3种不同冲击速度下的冲击响应过程。图7-5a)给出了飞片速度为74.6m/s的顺梯度结构的冲击动态响应过程。试样在低冲量下呈现出前后面板的弯曲变形,接着最弱层中间芯子的局部逐渐塌陷,最后与前面板相连的最弱层芯子开始产生更多的压缩,导致密封膜脱落,水介质和冲量得到释放,冲击过程结束。对于芯子而言,最弱层芯子在受载时因负泊松比特性明显向中部收缩堆积。图7-5b)给出了内凹蜂窝顺梯度结构在107.8m/s冲击速度下的动态响应过程。与低冲量下的动态响应过程相比,在冲击时间为1ms时,中等冲量下前面板和第一层芯层的中间芯子坍塌得更加紧实集中,而且背板的位移响应比低冲量时要小。随着冲击时间的延长,结构整体的变形模式迅速从前面板的局部弯曲响应转变为前后面板及芯子整体的弯曲变形响应。图7-5c)给出了顺梯度内凹蜂窝夹层结构在高冲量120.5m/s冲击下的动态响应过程。与中等冲量相较于低冲量的规律相似,高冲量下较于中等冲量下,与前面板相连芯层中间芯子出现更大范围的塌陷,且呈现出更大的局部响应区域,后面板在边界处更早地滑移。

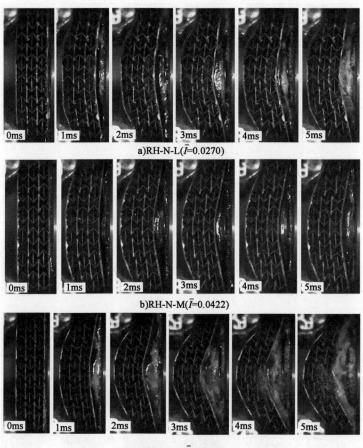

a)RH-N-L($\bar{I}$=0.0270)

b)RH-N-M($\bar{I}$=0.0422)

c)RH-N-H($\bar{I}$=0.0462)

图7-6　逆梯度内凹蜂窝夹层结构水下爆炸冲击响应

如图7-6所示,给出了逆梯度内凹蜂窝夹层结构RH-N在3种不同冲击速度下的冲击响应过程。图7-6a)给出了飞片速度71.0m/s下逆梯度结构的冲击动态响应过程。在低冲量冲击下,逆梯度结构简支边界附近的芯子在爆炸冲击波作用下发生坍塌,形成后面板中部的局部响应,而前面板则展现出整体的小挠度弯曲变形。随着水下爆炸冲击波的继续加载,前面板和后面板的弯曲变形更加明显。图7-6b)给出了中等冲量冲击下内凹蜂窝夹层结构的动态响应过程。与低冲击速度相比,中等冲击速度下背板更早地达到整体弯曲响应阶段。随着爆炸冲击冲量持续作用在前面板,第三层弱芯层随着背板更大的弯曲变形而呈现局部的负泊松比特性。图7-6c)给出了逆梯度内凹蜂窝夹层结构在高冲量冲击下的动态响应过程。

在高冲量冲击下,在1ms时简支边界附近最弱芯子被压缩至坍塌,其他芯层和前面板的弯曲变形较小,而后面板及最弱芯层的曲率较低冲量和中等冲量下更大。随着水域中冲击波和前面板的相互作用,前面板中部位置受到冲击波的冲击产生更大的弯曲变形,同时激波管水舱中的水开始释放,后面板与边界之间开始滑移。

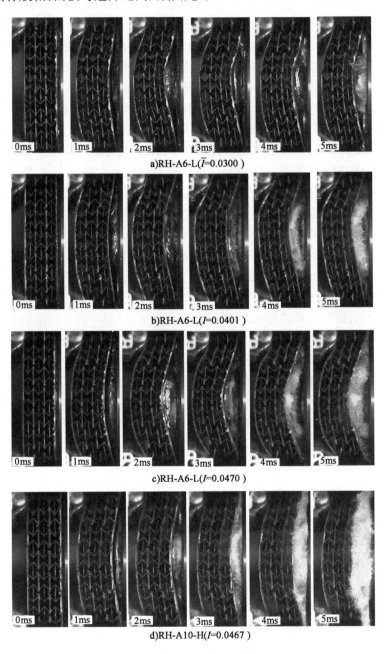

a)RH-A6-L($\overline{I}$=0.0300)

b)RH-A6-L(I=0.0401)

c)RH-A6-L(I=0.0470)

d)RH-A10-H(I=0.0467)

图7-7 均质内凹蜂窝夹层结构水下爆炸冲击响应

　　如图7-7所示,给出了均质内凹蜂窝夹层结构RH-A在3种不同冲击速度下的冲击响应过程。与正、逆梯度结构的变形过程相比,均质结构在变形过程中前后面板的弯曲变形曲率较为接近,这是因为冲击过程中均质结构芯层不易发生局部坍塌导致呈现整体的弯曲响应。图7-7a)给出了低冲量下均质6层铺层内凹蜂窝夹层结构的冲击动态响应过程。在1ms时,简支边界处芯子被压缩,三层芯层及前后面板呈现较小的弯曲变形。随着冲击波的持续加载,前面板的中间区域出现了局部响应区域。随着冲击波的持续加载,弯曲应力波在前面板传播,前面板又恢复到整体响应弯曲变形,直至冲击过程结束。图7-7b)给出了中等冲量下均质6层铺层内凹蜂窝夹层结构的动态响应过程。与低冲量对比,1ms时前后面板弯曲变形更大,简支边界附近最弱芯层芯子被压缩展现局部的负泊松比效应。随着冲击波的加载,第一层芯层中个别芯子与前面板出现脱粘失效而导致后续变形的异常。图7-7c)给出了均质6层铺层内凹蜂窝夹层结构在高冲量冲击下的动态响应过程。在1ms时,简支处边界芯子出现了局部坍塌,前后面板呈现整体的弯曲变形。随着冲击波的继续集中加载,边界附近芯子以及其他芯层端部芯子继续向中间收缩,同时边界开始滑移。图7-7d)给出了均质10层铺层内凹蜂窝夹层结构在高冲量冲击下的动态响应过程。与高冲量冲击下6层铺层均质内凹蜂窝夹层结构相比,10层铺层均质内凹蜂窝夹层结构背板变形明显低于6层结构的,且在水舱中的水溅出后,结构的弯曲变形增加得并不明显。通过对比6层铺层和10层铺层结构的背板响应可以看出,相对密度的提升对于增强结构抗冲击能力有明显的积极作用。

　　如图7-8所示,整理了高冲量(1.0MPa)爆炸冲击波下3种不同梯度结构形式碳纤维复合材料内凹蜂窝夹层结构的失效模式情况。从结构整体失效情况来看,高冲量下3种梯度结构形式的内凹蜂窝夹层结构的损伤失效情况均明显要较低冲量和中等冲量下的损伤失效情况更严重。通过观察整体结构和面板的最终变形,高冲量下结构前后面板呈现明显的不可恢复变形。如图7-8a)所示为高冲量爆炸冲击波加载情况下顺梯度结构的损伤失效情况,第一层芯层芯子与前面板之间出现局部脱粘现象,芯子之间连接杆出现多处纤维断裂失效,局部斜杆出现分层失效,第三层芯层芯子与背面板之间出现局部的分层失效。根据如图7-5c)所示的冲击响应过程,最薄层芯子在受载时发生局部压溃,同一芯层芯子也向中间快速收缩,从而导致连接杆的断裂。如图7-8b)所示,给出了高冲量爆炸冲击波下逆梯度结构的响应过程,失效情况显示第一层芯子与前面板出现脱粘的失效模式,第三层最薄芯层主要发生边界处的纤维断裂失效,破坏主要是边界效应造成的。如图7-8c)所示高冲量爆炸冲击波加载下均质6层结构的损伤失效情况,前面板的最终挠度较顺、逆梯度结构更小,后面板的最终挠度介于顺、逆梯度结构之间。前面板与第一层芯层芯子之间出现局部的脱粘失效,第三层芯层芯子尖角处出现多处分层失效。对于均质10层内凹蜂窝夹层结构,并没有发生明显的材料损伤情况,只是产生了较小的不可恢复变形,因此并没有列出。

　　图7-9为高冲量下不同梯度结构形式的背板挠度的变化过程,考虑到冲击响应速度的加快,图中给出了0.8~5.0ms的背板响应过程。如图7-9a)所示高冲量下顺梯度结构的背板变

形轮廓,在0.8ms时,结构在冲击波作用下背板的整体呈现弯曲变形;随着冲击波的持续加载,在4.0ms时,背板挠度达到最大值;在5.0ms时,由于加载水舱压力的卸载,结构背板出现一定程度的回弹。与中等冲量下背板的挠度曲线相比,高冲量下背板的挠度略小。结合两种冲量下的变形响应和失效模式,分析出现这一现象的原因在于前面板第一层芯层吸收较多能量且产生较大的挠度,水域从冲击区域中心向外卸载压力,从而导致压力下降过多。如图7-9b)所示为逆梯度结构在高冲量载荷下的背板变形情况。从整体的背板轮廓变化来看,高冲量下结构背板变形显著增大,且响应速度也明显加快,在4.0ms时,背板中点达到最大值32mm。原因在于最后一层芯层芯子压溃导致边界的滑移,从而导致背板挠度的快速增加。如图7-9c)、d)所示分别给出了均质6层和10层结构在高冲量下背板的变形响应,均质6层结构背板中点在5.0ms时达到最大挠度18.4mm。对于均质10层结构,其中点最大挠度在5.0ms时达到最大值12.6mm,明显低于均质6层结构。因此,提高相对密度对于提高结构的抗冲击性能有明显的效果。

a)顺梯度结构,RH-P-H

b)逆梯度结构,RH-N-H

c)均质6层,RH-A6-H

图7-8 高冲量载荷作用下复合材料内凹蜂窝夹层结构失效模式

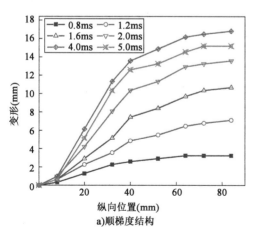

a)顺梯度结构

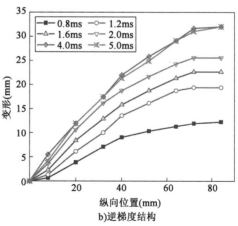

b)逆梯度结构

图 7-9

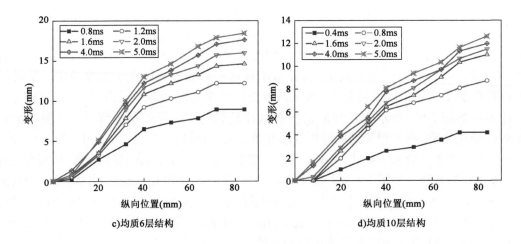

c)均质6层结构   d)均质10层结构

图7-9 高冲量下不同梯度结构形式的背板挠度变化过程

7.1.2 点阵夹层结构水下冲击实验

水下冲击实验中产生冲击波的方法主要有两种,一种是传统的药式加载,即通过引爆炸药产生冲击波,另一种是非药式加载。基于Taylor[48]提出的水下爆炸的冲击波理论,为了模拟高强度的水下爆炸载荷,研究者们[57-58]设计出了利用飞片撞击活塞产生水下冲击波的非接触式水下爆炸冲击模拟装置(USLS)。Huang等[55]建立了流固耦合数值模型,研究了复合材料夹层结构在不同边界条件下遭受水下爆炸的变形和破坏机理。

本小节同样使用了水下爆炸冲击模拟装置对碳纤维复合材料点阵夹层结构进行了实验。实验装置主要包括:气室、发射管、激波管、防护靶仓、动态压力传感器、高速摄像机等,如图7-10所示。激波管是一根长750mm的厚壁钢管,截面如图7-10b)所示。图7-11为实验现场照片。激波管管口处设置有钢制活塞,尾部放置承受冲击的试件,内部装满了水。为了保证装置的水密性,活塞周围使用橡胶圈,尾部水与试件接触的界面使用了薄塑料膜进行封闭。该装置由轻气炮发射钢制飞片通过撞击活塞产生水下冲击波。本小节中飞片的撞击速度由气室压力控制,范围在80~120m/s之间,飞片的入射速度由光电测速仪进行测量。产生相应的冲击波峰值在60~110MPa之间,由安装在激波管管壁上的QSY8109型动态压力传感器进行记录,有效压力测量范围为400MPa以下,将压力传感器安装在与激波管对应的螺纹孔上,连接信号放大器以获取管中的压力时程曲线。

Taylor[48]提出的一维水下冲击脉冲强度p随时间t变化的关系可以表示为:

$$p = p_0 \exp(-t/\theta) \tag{7-2}$$

式中:p_0——冲击波的峰值压力,MPa;

θ——脉冲的衰减时间系数。

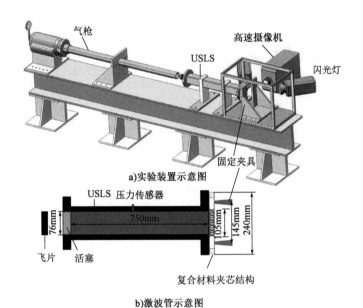

a)实验装置示意图

b)激波管示意图

图7-10 水下爆炸冲击实验装置示意图

图7-11 水下冲击实验现场照片

  根据 Deshpande[53]研究,冲击波的峰值压力及脉冲的衰减时间系数的大小取决于撞击飞片的质量与撞击初始速度,具体可表达为:

$$p_0 = c_{\mathrm{w}}\rho_{\mathrm{w}}v_0, \theta = \frac{m_{\mathrm{p}}}{\rho_{\mathrm{w}}c_{\mathrm{w}}} \qquad (7\text{-}3)$$

式中：c_w——水中声速，m/s；

　　　ρ_w——水的密度，kg/m³；

　　　v_0——飞片初始撞击速度，m/s；

　　　m_p——飞片单位面积质量，kg。

假设冲击波加载到靶板后发生全反射，则加载到靶板上的入射脉冲 I_0 表示为：

$$I_0 = 2\int_0^\infty p_0 \exp(-t/\theta)\mathrm{d}t = 2p_0\theta \tag{7-4}$$

在本章的参数分析过程中使用以下无量纲参量：

$$\overline{I} = \frac{I_0}{\rho_w c_w \sqrt{A}}, \overline{w} = \frac{w}{L} \tag{7-5}$$

式中：$\overline{I}$——无量纲冲量；

　　　$\overline{w}$——无量纲横向变形；

　　　A——加载区域的面积，m²；

　　　L——加载区域边缘的长度，m；

　　　w——横向变形，m。

图 7-12 为安装在激波管中部的压力传感器测得的压力信号和加载脉冲，显然，在压力到达峰值之后，出现明显的指数型衰减，直到完全衰减到 0 为止。对于本节使用的飞片和活塞，冲击波的响应时间约为 0.35ms。根据冲击波在激波管中的传播速度，反射波将在 0.68ms 后到达，对初始的压力没有明显的干扰。流固耦合实验的平均衰减时间为 0.125ms。将压力-时间曲线进行积分可以获取冲击波的加载冲量，积分的范围设定为从压力开始上升到衰减为 0。由式 (7-4) 和式 (7-5) 可计算得，高冲击速度、中冲击速度和低冲击速度下的加载脉冲分别为 3.9kPa·s、3.7kPa·s 和 3.3kPa·s，对应的无量纲冲量为 1.5×10⁻³、1.4×10⁻³ 和 1.2×10⁻³。

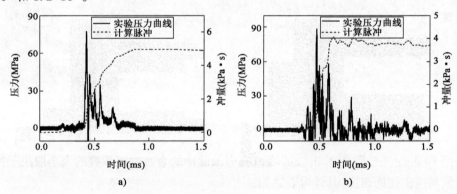

图　7-12

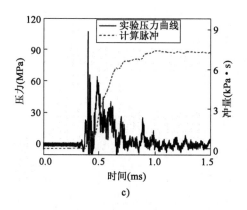

c)

图7-12 在不同飞片冲击速度下压力传感器测量的压力信号和加载脉冲

表7-2中对各组实验进行了编号,总结了碳纤维复合材料点阵夹层结构水下冲击实验的实验工况和实验结果,并将碳纤维复合材料层合板冲击实验与夹层结构进行比较。如表7-2所示,共对3种梁进行了3组冲击实验,每组实验的飞片入射速度相似。

水下冲击实验工况和实验结果总结　　　　　　　　　　　　　　表7-2

试件类型	编号	弹体质量 m（g）	入射速度 v_0（m/s）	变形和失效模式
复合材料点阵夹层结构	LS-1	779.61	85.6	NP
	LS-2	781.36	96.8	NP,DB
	LS-3	775.87	104.0	DB,NP,D
泡沫增强点阵夹层结构	LS/F-1	779.61	83.3	E
	LS/F-2	780.26	93.8	NP,FC
	LS/F-3	777.25	104.4	NP,FC,D
复合材料层合板	C-1	779.57	85.3	E
	C-2	779.35	93.8	D
	C-3	785.64	104.1	F

注:E-弹性变形;NP-节点穿刺;D-纤维/基体分层和断裂;DB-面板泡沫芯界面分离;FC-泡沫开裂;F-完全失效。

图7-13为碳纤维复合材料点阵夹层结构LS-2在水下冲击载荷下的动态响应高速影像。飞片的初始速度为96.8m/s,所得的无量纲冲量 $\bar{I}=1.4\times10^{-3}$。为了在夹持时给夹层结构的边界提供足够的支撑,在夹层板的两侧填充了木块。最初,弯曲波在前面板上传播,前面板获得速度产生变形,受到点阵夹层的抵抗,夹层将应力波传递到后面板,并最终导致结构的

整体变形。结构上出现前、后面板的变形轮廓不一致,导致了结构的不均匀变形,这引起了夹层中单胞的失衡,从而导致面板芯材界面的节点剥离。由于点阵夹层桁架的刚度很高,剧烈变形也导致了背面板上出现桁架穿孔。最终水下冲击波并没有能够破坏夹层结构,点阵夹层板在经历弹性恢复后返回到最初的位置。

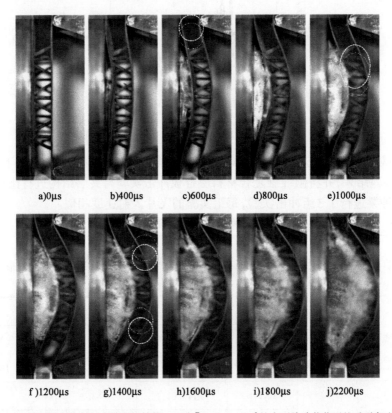

a)0μs   b)400μs   c)600μs   d)800μs   e)1000μs

f)1200μs   g)1400μs   h)1600μs   i)1800μs   j)2200μs

图7-13   碳纤维复合材料点阵夹层结构LS-2在$\bar{I} = 1.4 \times 10^{-3}$的水下脉冲载荷下的系列高速影像

图7-14为泡沫增强复合材料点阵夹层结构LS/F-2在水下冲击载荷下的动态响应高速影像。飞片的初始速度为93.8m/s,所得的无量纲冲量$\bar{I} = 1.4 \times 10^{-3}$。在水下脉冲载荷作用下,泡沫增强点阵夹层板的动态响应与复合材料层合板和点阵夹心板不同,夹层中的泡沫更好地传递了脉冲,从而导致了更明显的整体变形。在前面板遭受冲击后弯曲波在纵向传播,造成了面板和泡沫夹层之间的黏结被切断。泡沫对芯材的增强效果能够抵抗点阵单胞的不均匀变形,同时点阵桁架抵抗变形的作用。由于横向剪切和夹层压缩引起的剪切作用,泡沫夹层在400μs时出现裂纹并向中心扩展。在夹层板中央处的泡沫因为结构的弯折也发生了开裂。由于随着变形的增加,泡沫中产生了更多的开裂,并最终导致泡沫夹层在厚度上完全被剪断。随着夹层结构在夹具中的滑动,结构最终从夹具中被抽出。

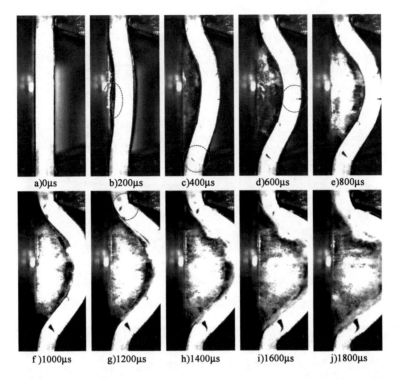

图7-14　泡沫增强复合材料点阵夹层结构LS/F-2在$\bar{I} = 1.4 \times 10^{-3}$的水下脉冲载荷下的系列高速影像

图7-15为泡沫增强复合材料点阵夹层结构LS/F受到水下脉冲载荷后的破坏情况。如图7-15a)所示,与点阵夹层结构类似,泡沫增强复合材料点阵夹层结构上也出现了不可恢复的弯曲变形,在泡沫上观察到贯穿厚度的泡沫断裂。将夹层中的聚氨酯泡沫去除后,能观察到,夹层中的点阵桁架保持相对完整,特别是对比点阵夹层结构两侧由于不均匀变形造成的面板和桁架的节点剥离,如图7-15c)所示。但应该注意的是,泡沫增强复合材料点阵夹层结构的后面板会出现更多的桁架穿孔现象。同时由于聚氨酯泡沫的弯曲刚度较低,由于支撑附近夹层板弯折导致了面板的开裂和分层,如图7-15d)所示。

图7-16为3种结构在不同强度水下脉冲加载下的动态响应高速影像,无量纲脉冲1.5×10^{-3}和1.2×10^{-3}对应本节实验中的最高和最低的脉冲强度。从高速图像上观察到,最低冲击强度的结构响应时间比最高冲击强度的响应时间长得多。与受到中等冲击的同种结构的动态响应相比,受到较低冲击的结构更容易发生整体结构变形,而受到较高冲击的相同结构更可能发生局部变形。变形的局部效应可以归因于这样的事实,即没有桁架支撑的夹层板边缘处的弯曲刚度较差导致的前后面板变形不一致。如图7-16a)所示,承受最低强度水下冲击的碳纤维复合材料层合板C-1在遭受冲击后仍被夹紧在支撑上,在变形最大时轮廓表现为弧形。从撞击开始到0.50ms,弯曲波在层合板上向四周和中心传播,当弯曲波在层合板上传播完成之后的结构的变形轮廓的角度基本保持不变,仅在支撑上发生轻微的滑动,且仅在复合材料层合板C-1背面观察到轻微的开裂。

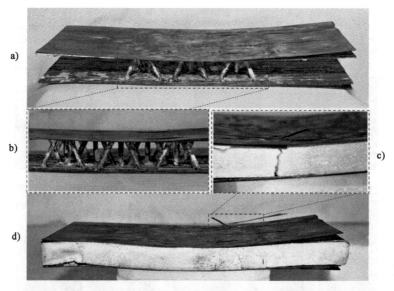

图7-15　泡沫增强复合材料点阵夹层结构LS/F-2承受水下冲击后的失效情况

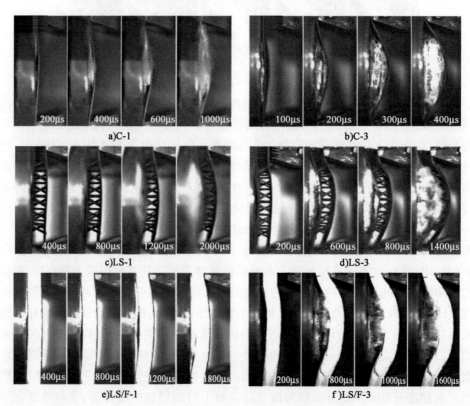

图7-16　3种不同结构在不同强度水下脉冲加载下的动态响应高速影像

当复合材料层合板受到最大脉冲载荷时,在复合材料层合板C-3中心处会发生比较明显的局部变形,如图7-16b)所示。在0.16ms时弯曲波传播到层合板边缘,在这之后由于层合板上有着大量的动能,层合板在夹具中滑动最终会从夹具中抽出。由于在高强度的水下脉冲加载下,层合板在支撑处产生了剧烈的弯折和滑动,这导致了层合板背面在支撑附近发生了严重的断裂,以及由于断裂和变形共同作用产生的分层。如图7-16c)所示,承受低强度水下冲击的碳纤维复合材料点阵夹层板LS-1在受到水下脉冲加载后,除了由于结构弯导致靠近支撑受拉伸的桁架出现了轻微的不均匀变形,大部分点阵夹层单胞都保持了完整的结构。遭受低强度水下脉冲加载后的试件LS-1上能够观察到轻微的弯曲,这是复合材料点阵夹心板LS-1上唯一肉眼可见的故障。如图7-16d)所示,当复合材料点阵夹层板LS-3承受高强度的水下脉冲载荷时,现象与承受中等水下脉冲加载的点阵夹层板LS-2类似,在结构上出现了由于不均匀变形造成的面板与桁架剥离和由于点阵桁架的轴向刚度较大造成的背面面板节点的桁架穿刺。

7.2 复合材料夹层结构水下冲击仿真

7.2.1 内凹蜂窝夹层结构有限元模型

水下爆炸加载扩散式激波管的数值模型主要包含飞片、活塞、激波管水舱、内凹蜂窝夹层结构以及简支边界。有限元模型如图7-17所示,考虑到计算速度和水下爆炸冲击波加载特性,数值模型中采用声学网格计算结构早期响应过程。参考相关文献[59,60]中关于有限元网格的设置,冲击加载设备、试样及简支边界采用Lagrange网格,激波管水舱内流域采用声学网格建模。飞片、活塞以及激波管采用普通钢材,水域采取声学介质本构描述[式(7-6)],其声学压力及体积模量K_w的计算方法见式(7-7),相关材料的材料参数见表7-3。为了模拟水体在冲击波作用下的空化,声学介质本构通过比较伪压力p_v与空化压力p_c之间的大小来重新定义水体的实际压力,见式(7-8)。

$$\frac{\partial p}{\partial x} + \gamma \dot{u}^f + \rho_f \ddot{u}^f = 0 \tag{7-6}$$

$$p = -K_w \frac{\partial u^f}{\partial x} = -\rho_w c_w{}^2 \frac{\partial u^f}{\partial x} \tag{7-7}$$

$$p = \max\{p_v, p_c - p_0\} \tag{7-8}$$

式中:u^f、$\dot{u}^f$、$\ddot{u}^f$——空间区域内流体粒子的位移,速度和加速度;

γ——单位体积单位速度所受的力大小;

p_0——静水压力,MPa。

关于模型的网格尺寸,飞片、活塞和水域的网格尺寸设置为1mm,水舱舱体和试样的网格尺寸设置为2mm。结构网格类型为C3D8R,声学网格类型为AC3D8R。为了避免声学网格扭曲,ABAQUS中设置了线性体积黏度(Linear Bulk Viscosity)来减小网格扭曲,但这会使伪应变能过多地耗散冲击波能量,导致加载到板上的压力偏小,体积黏度压力(p_{bv})参照式(7-9)计算得到。本小节有限元模型中设置线性体积黏度参数为0.02。激波管以及简支边界采用刚体约束,对称剖面采用对称约束,为了模拟实验中的边界预紧作用,对简支边界施加预紧位移,飞片使用预定义初始速度进行加载。为了模拟芯层与芯层之间和芯层与面板之间的粘接,数值模型中使用粘接接触。考虑到飞片与活塞碰撞接触,模型中预留2mm的接触间隙。由于声学单元通过声学界面单元将声学压力传递到结构上,ABAQUS为了方便这一单元的生成,采用Tie约束来实现这一功能。如图7-17所示,给出了具体Tie接触的面,主面选择为较为刚硬的活塞右表面、激波管内表面以及夹层结构前面板外表面,从面选择为水域的外表面。

$$p_{bv} = -\frac{b_1 L_e}{c} \dot{p} \qquad (7-9)$$

式中:b_1——体积黏度系数;

L_e——单元特征长度,m;

c——流体中声速,m/s;

$\dot{p}$——压力变化率。

内凹蜂窝夹层结构水下冲击仿真有限元模型中相关材料参数　　　　　　　　表7-3

材料	密度(kg/m³)	杨氏模量(GPa)	泊松比	体积模量(GPa)
钢	7850	210	0.3	—
水体	985.27	—	—	2.19

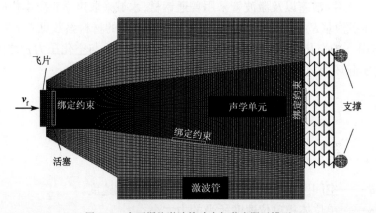

图7-17　水下爆炸激波管冲击加载有限元模型

7.2.2　水域网格无关性验证

为了验证扩散式激波管中水域的网格尺寸的无关性,在与上述相同体积的黏度取值下,将4种不同整体网格尺寸下飞片以121.3m/s的入射速度冲击活塞产生的测点处冲击波曲线进行对比，压力历程曲线以及峰值压力附近的局部放大图如图7-18所示。从图7-18中结果可以看出，当水域网格尺寸取为2~3mm时冲击波到达测点时存在一定的延时，且峰值也明显较1mm和0.8mm网格更小。当网格尺寸取为1mm时，压力峰值与峰值出现的时间都较为接近。因此，水域网格尺寸取为1mm可以保证冲击波传播的保真性。

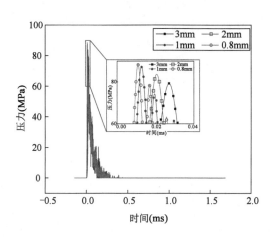

图7-18 不同整体网格尺寸下测点处的冲击波压力历程曲线及峰值压力附近的局部放大图

7.2.3 声学模拟冲击波压力验证

由上章实验室水下冲击波产生的原理，飞片通过撞击活塞进而冲击激波管中的水产生指数式衰减冲击波。通过声学单元模拟水域中冲击波压力传播过程如图7-19所示。由有限元模拟结果可以看出，冲击波在直柱段呈现平面传播，随着管内径的增大，平面波出现较小的凸起，原因是冲击波在管壁上出现多次反射导致波的平面性有较小的扰动。随着冲击波的传播，管内径的增大时冲击波压力快速下降。如图7-19d)所示，在0.273ms时冲击波已经作用到内凹蜂窝夹层结构的前面板，前面板变形时，水体中出现了局部空化的现象。

为了验证数值计算冲击加载得到冲击波入射压力的精确性，提取距离冲击端管口约229mm位置的冲击波压力，选择这一位置的原因是考虑到太靠近冲击端压力可能超过传感器量程，同样靠近试样端可能会导致加载入射波和反射波互相干涉导致电压信号的紊乱。3种冲击速度下实验中传感器测得压力信号和仿真中提取的声学压力数据对比如图7-20所示，其中p_E为实验峰值压力，p_N为仿真峰值压力，相关结果见表7-4，实验与数值得到的峰值压力误差均在15%以内。

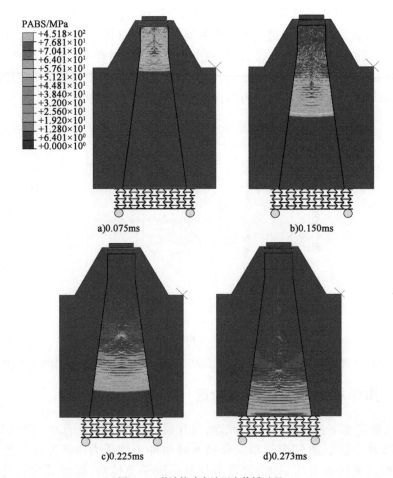

a)0.075ms   b)0.150ms

c)0.225ms   d)0.273ms

图7-19   激波管冲击波压力传播过程

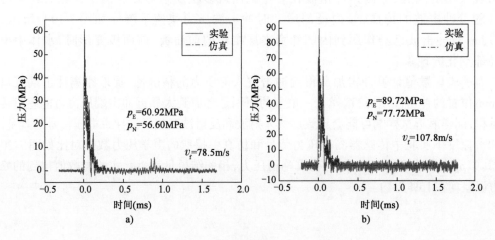

图   7-20

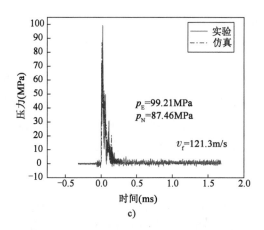

图7-20 实验与数值仿真测点处压力信号对比

实验与数值仿真测点峰值压力信号对比 表7-4

飞片入射速度(m/s)	冲击波峰值压力(MPa)		误差(%)
	实验	数值仿真	
78.5	60.92	56.60	7.6
107.8	89.72	77.72	13.37
121.3	99.21	87.46	11.84

通过上述结果可知,通过声学单元模拟爆炸冲击波的方法具有较好的计算精度,验证了该方法在模拟爆炸冲击波计算的可行性。在保证计算精度的前提下,在传感器安装位置施加声学压力(Acoustic Pressure)边界条件和无反射声学阻抗(Noreflecting Acoustic Impedance),以节约更多的计算时间。简化后的声固耦合加载的模型如图7-21所示。

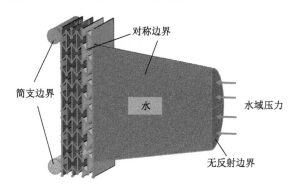

图7-21 简化的声固耦合加载有限元模型

7.2.4　有限元仿真结果对比

图7-22给出了顺梯度结构在高冲量下的实验和数值仿真的冲击响应过程。对于顺梯度结构,试样主要经历前面板的流固耦合弯曲变形,第一层芯层的坍塌、纤维破坏等变形失效模式。数值仿真结果中顺梯度结构前面板发生一定程度的翘曲,而实验中则较早地进入最弱芯层坍塌变形,原因在于实验中最弱芯层较薄的壁厚会导致芯层易发生屈曲失效。第二层和第三层较强的芯层在冲击过程中没有出现明显的材料失效现象,只发生了较小的弯曲变形。

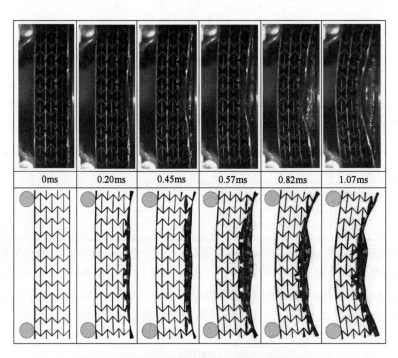

图7-22　高冲量下顺梯度结构冲击响应对比(RH-P-H)

图7-23给出了3种冲量下不同梯度结构形式和相对密度试样背板中点的挠度变化历程曲线的实验和仿真结果。总体上来看,实验和仿真结果吻合较好,尤其在冲击响应早期阶段,背板中点的位移响应和响应速度均吻合较好。从不同梯度结构形式的背板中点位移响应结果来看,在3种冲量冲击波作用下,顺梯度结构的背板中点的变形明显要低于逆梯度结构和均质6层结构。原因在于顺梯度结构在冲击响应前期,第一层芯层发生坍塌和纤维破坏损伤,耗散一部分冲击波能量。与接触式冲击响应不同,水下爆炸冲击实验和数值仿真背板中点位移响应曲线中出现一定的波动,这主要与结构在受载过程中材料的失效以及流固界面存在一定的耦合作用有关。实验过程中仅能通过高速摄像机记录试样的响应过程,并不能获得面板和芯层的应变能情况。因此,在有限元仿真基础上,提取不同梯度结构形式和

相对密度下面板和三层芯层的总应变能大小,通过柱状百分比堆积图绘制出面板和芯子在1.0ms时的应变能比例,从而衡量面板和芯层的冲击能量抵抗能力,如图7-24所示。总体来看,在受冲击时,背面板起到的冲击抵抗作用最小,前面板明显较背板发挥了更大的能量吸收作用。在同等冲量下,对于顺梯度结构而言,最弱芯层和前面板较其他芯层和背板吸收更多能量。对于逆梯度结构和均质结构而言,第一层芯层较其他芯层吸收更多的能量,其他芯层吸收能量比例相当。对于不同相对密度的均质结构,提高相对密度会使面板和其他芯层的吸能比例增大,第一层芯层的吸能比例减小。

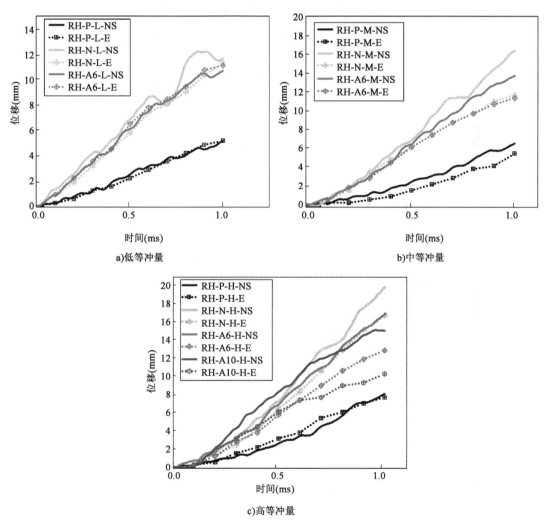

图7-23　不同冲量下结构背板观测中点挠度变化对比

NS-数值仿真结果;E-实验结果

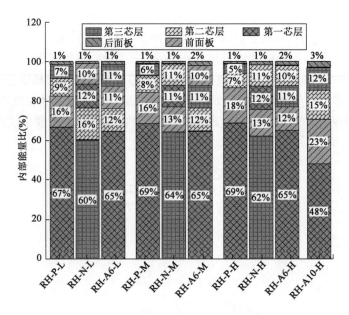

图 7-24　不同梯度结构形式面板芯层总应变能比例

7.3　本章小结

　　本章通过一级轻气炮加载激波管产生水下爆炸冲击波,进行了水下冲击实验研究。通过高速摄像机和传感器分别收集和记录试样的冲击响应过程和测点处的冲击波压力历程。比较了不同冲量下夹层结构的背板变形情况以及冲击后的损伤失效情况。研究结果表明,对于内凹蜂窝夹层结构,其顺梯度结构主要依靠前面板和第一层芯子的变形失效耗散冲击波能量,而逆梯度结构和均质结构则通过前面板和中间三层芯子的变形耗散能量,背板在冲击能量耗散上发挥较少的作用。对于点阵结构,相比于未填充泡沫的点阵结构,填充泡沫的点阵结构发生了更广泛的整体变形,抵抗了单胞的不均匀变形,减少了面板和桁架在节点处的剥离。

第8章 复合材料X形夹层船底板抗冲击性能

近年来随着高新海洋船舶装备的发展,具有轻质、抗疲劳和耐腐蚀等特点的纤维增强复合材料船舶的设计与建造受到了越来越多的重视。在各型船艇中,对吃水深度和船体无磁性有极高要求的扫雷船艇,以及对巡航速度有要求的高速巡逻执法艇等都非常适合大量使用复合材料结构制造。本章将结合前文理论和实验研究结果设计纤维增强复合材料X形夹层双层船底结构,采用数值仿真方法研究夹层结构的抗水下爆炸冲击响应,分析不同几何参数对结构抗冲击性能、失效机理和船体冲击响应的影响,并与传统钢制双层船底结构的性能进行对比,为船用复合材料X形夹层结构的设计和应用提供数据和理论参考。

8.1 复合材料X形夹层船底板结构设计

传统钢制双层船底结构可以提高船底抗冲击性能和损伤容限(图8-1),为了研究复合材料X形夹层结构作为主要船艇承载构件的静态和抗冲击性能,本节考虑将复合材料X形夹层结构应用于船体双层底结构,采用数值仿真方法分析纤维增强复合材料夹层船底的抗水下爆炸冲击性能。为了便于对比分析复合材料夹层结构的抗冲击响应特性,本节对等面密度的钢制X形夹层双层船底结构和钢制格栅型双层船底结构的抗冲击性能也进行了仿真计算。

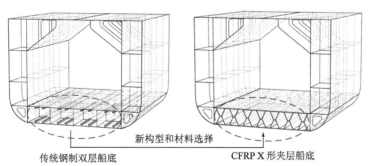

传统钢制双层船底　　　　新构型和材料选择　　　　CFRP X形夹层船底

图8-1　传统钢制双层船底结构和复合材料X形夹层船底结构示意图

复合材料X形夹层底板的构型对其抗冲击性能有显著影响,首先需要根据相关约束条件确定夹层结构的几何尺寸。本节设计的复合材料双层X形船底结构具有统一的面密度 m

和夹层厚度 h。夹层结构的面密度由式（8-1）计算：

$$m = 2\rho_f t_f + \rho_f \bar{\rho}_z h \tag{8-1}$$

船底结构的总厚度 H_s 为：

$$H_s = 2t_f + h \tag{8-2}$$

令中央平台的宽度固定为 $b = h/8$，则单胞的宽度 $W = h/\tan\alpha + 3h/8$，其中 α 为夹层腹板倾角，夹层的相对密度为：

$$\bar{\rho}_c = \frac{(2/\sin\alpha + 1/8 - 3t_c/2h\tan\alpha)t_c}{h/\tan\alpha + 3h/8} \tag{8-3}$$

可以看到，X形夹层结构构型主要由几何参数 α、h/t_c 和 t_f/h 确定。为了兼顾夹层结构的压缩和剪切强度，倾角 α 应取适中值，如 45°~65°。

参数 h/t_c 的大小对夹层相对密度和压缩失效模式有显著的影响。具有不同几何参数 h/t_c 和 α 的X形夹层的压缩失效机制图如图8-2所示。可以看到，具有较高的 h/t_c 的夹层结构容易发生屈曲失效，导致结构压缩强度下降，降低 h/t_c 可以增加夹层压缩和剪切强度。参数 t_f/h 决定了夹层结构的面板厚度，面板厚度越厚，结构的抗冲击性能越好，同时弯曲比强度也会随着面板厚度增加而上升。但是增加 h/t_c 和 t_f/h 都会导致结构重量上升。因此，重量相同的条件下，合理选取 h/t_c 和 t_f/h 的值，设计抗冲击性能最好的复合材料夹层结构是关键问题。

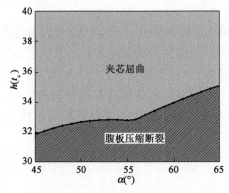

图8-2　不同几何参数 h/t_c 和 α 的X形夹层压缩失效机制图

图8-3为倾角 α 为 45° 的X形夹层结构在选取不同 h/t_c 和 t_f/h 时对应的结构面密度，通过该图可以快速选取符合重量要求的几何参数可选范围。可以看到，参数 t_f/h 的增加对结构面密度增长的影响更为显著，这意味着在多数情况下，夹层的压缩失效模式都会是屈曲失效。本章选取夹层结构的目标面密度为 $m = 217\text{kg/m}^2$，不同倾角的X形夹层结构的几何参数选取范围如图8-4所示，选取面密度等值线左侧的参数则满足设计重量要求。

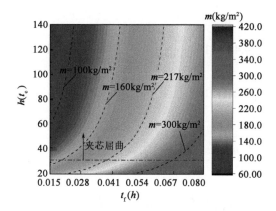

图8-3 倾角 $\alpha=45°$ 的X形夹层结构在选取不同 h/t_c 和 t_f/h 时对应的结构面密度 m

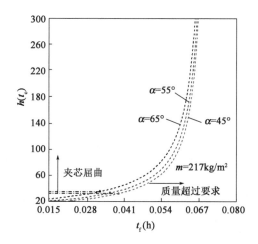

图8-4 具有不同倾角 α 的X形夹层结构的面密度 $m=217\text{kg/m}^2$ 等值线

8.2 船体结构非接触水下爆炸冲击仿真方法

Cole所著《水下爆炸》一书详细介绍了水下爆炸冲击波生成和传播规律,并给出了迄今应用最为广泛且准确的冲击波经验公式。根据其理论,Geers 和 Hunter[61]认为水下爆炸冲击可分为以下几个主要阶段:

第一阶段——冲击波指数衰减阶段;

该阶段水中任一点的压力为:

$$p(t) = p_m \cdot e^{-t/\theta} \qquad (0 \leqslant t < \theta) \tag{8-4}$$

式中: p_m——冲击波峰值压力,MPa。

具体关系如下：

$$p_m = \begin{cases} 4.41 \times 10^7 \left(\dfrac{W^{1/3}}{R}\right)^{1.5} & \left(6 \leqslant \dfrac{R}{R_0} < 12\right) \\ 5.24 \times 10^7 \left(\dfrac{W^{1/3}}{R}\right)^{1.13} & \left(12 \leqslant \dfrac{R}{R_0} < 240\right) \end{cases} \tag{8-5}$$

式中：W——炸药质量，kg；

R——测点距离爆源距离。

时间衰减系数 θ 为：

$$\theta = \begin{cases} 0.45 R_0 \left(\dfrac{R}{R_0}\right)^{0.45} \times 10^{-3} & \left(\dfrac{R}{R_0} \leqslant 30\right) \\ 3.5 \dfrac{R_0}{c} \sqrt{\lg \dfrac{R}{R_0} - 0.9} & \left(\dfrac{R}{R_0} \geqslant 30\right) \end{cases} \tag{8-6}$$

式中：R_0——炸药药包半径，m；

c——水中声速，m/s。

第二阶段——冲击波倒数衰减阶段。

该阶段压力随时间变化的规律可表达为：

$$p(t) = 0.368 p_m \dfrac{\theta}{t} \left[1 - \left(\dfrac{t}{t_p}\right)^{1.5}\right] \qquad (\theta \leqslant t < t_1) \tag{8-7}$$

其中参数 t_1 和 t_p 可分别由下式计算：

$$t_1 = \dfrac{R_0}{c} \left[\dfrac{R}{R_0} - 11.4 + 1.06 \left(\dfrac{R_0}{R}\right)^{0.13} - 1.51 \left(\dfrac{R_0}{R}\right)^{1.26}\right] \tag{8-8}$$

$$t_p = \dfrac{R_0}{c} \left[850 \left(\dfrac{p_0}{p_{atm}}\right)^{0.81} - 20 \left(\dfrac{p_0}{p_{atm}}\right)^{1/3} + 11.4 - 1.06 \left(\dfrac{R_0}{R}\right)^{0.13} + 1.51 \left(\dfrac{R_0}{R}\right)^{1.26}\right] \tag{8-9}$$

式中：p_0——气泡中心周围的静水压强，MPa；

p_{atm}——水面位置的大气压强，MPa。

第三阶段——冲击波倒数衰减后段。

该阶段开始时，水中压力基本降至周围静水压力，压力在该阶段继续缓慢下降，有：

$$p(t) = p^* \left[1 - \left(\dfrac{t}{t_p}\right)^{1.5}\right] - \Delta p \qquad (t_1 \leqslant t \leqslant t_p) \tag{8-10}$$

其中参数 p^* 和 Δp（单位均为 MPa）分别按下式计算：

$$p^* = 7.173 \times 10^8 \frac{R_0}{R} \left[\frac{c}{R_0} - 6.2 + 1.06 \left(\frac{R_0}{R} \right)^{0.13} - 1.51 \left(\frac{R_0}{R} \right)^{1.26} \right]^{-0.87} \tag{8-11}$$

$$\Delta p = \left(\frac{R_0}{R} \right)^4 \left[5635 \left(\frac{c}{R_0} \right)^{0.51} - 0.113 \left(\frac{p_0}{p_{atm}} \right)^{0.15} \left(\frac{c}{R_0} \right)^2 \right] \times 10^5 \tag{8-12}$$

该阶段的压力与冲击波峰值相比几乎可以忽略不计,实验表明从该阶段直到气泡膨胀收缩阶段的相当长一段时间内,可以认为压力降至0。随后,进入气泡脉动响应阶段,测点会监测到多次脉动压力峰值,但是这些峰值相比冲击波峰值均较小。

本节采用ABAQUS有限元软件的声固耦合算法模拟水下爆炸冲击波作用与船体结构的流固耦合作用。复合材料夹层结构的构件和面板均由0°/90°正交铺设的CFRP层合板构成,层合板的单层厚度为0.1mm,而船体构件厚度在7~70mm之间,意味着有70~700层单向CFRP板,逐层建模将产生数量极多的积分点,大大增加计算成本。因此,将正交铺设的CFRP层合板等效为面内正交各向同性材料。考虑了复合材料压缩强度的应变率强化效应。

钢制船体采用的是的Q235钢材,屈服强度为235MPa,切线模量为500MPa,失效等效塑性应变为0.15。采用Cowper-Symonds本构模型考虑钢材的应变率效应,有:

$$\frac{\sigma_0}{\sigma_s} = 1 + \left(\frac{\dot{\varepsilon}}{D} \right)^{1/q} \tag{8-13}$$

式中:σ_s——准静态屈服应力,MPa;

σ_0——等效塑性应变为$\dot{\varepsilon}$时的流动塑性应力,MPa;

D, q——系数参数,对于钢材分别取为40.4s⁻¹和5。

为了能更加贴近船底结构在冲击载荷作用下的真实响应,在复合材料夹层船底板上添加了简化的船体外壳,用于模拟船体其余部分结构对船底的约束,建立的船体1/4有限元模型如图8-5所示。为了更好地比较不同结构形式和材料的夹层船底结构的抗冲击性能,该模型中舷侧外板、横舱壁和甲板均设为厚度40mm的钢制壳体,用以避免这些非主要关注部分在冲击载荷下出现破坏失效,同时增厚的部分也提供了实际船艇中可能存在的设备重量。图中1/4模型的总质量为72.26t,简化模型船体总长度为32.0m,型宽10.0m,设置的吃水深度为4.0m,简化船体模型质量和尺寸与300t级的扫雷艇或近海执法船艇相近。

建立的1/4流域和船体有限元网格模型如图8-5和图8-6所示,由于流场的大小会影响船体表面的附连水质量,通常流域半径取为结构半径的6倍时误差较小[63],模型流域半径设置为30.0m。在流域和船体结构的两个对称面上均设置了对称边界条件,流域的自由液面设置了零声学压力边界条件。圆柱形和球形流域的外边表设置了无反射边界条件。船体湿表面与流域接触面使用Tie约束绑定。对船底结构而言,船舯正下方的爆炸冲击波是对其威胁最大的动态载荷之一。因此,设置的爆炸冲击载荷工况为:爆源位于船舯正下方距船底外板8m位置,选取两种TNT质量分别为50kg和200kg,对应的冲击因子$Q = \sqrt{W}/R$分别为0.88和1.77,其中,w表示炸药当量,R表示冲击半径。本节主要研究船体结构在第一和第二阶段的冲击波作用下的动态变形和失效响应,冲击载荷按照式(8-4)和式(8-7)计算,通过修改 ABAQUS 关键字加载到模型流固耦合面上。数值模拟采用了 ABAQUS 的散波计算公式,计算总时长为 120ms,分析船体结构典型部位在冲击载荷下的变形失效、位移、速度和加速度响应。

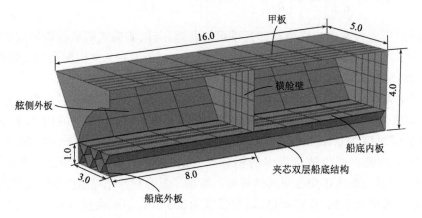

图 8-5　简化的带有复合材料 X 形夹层船底结构的 1/4 船体有限元模型示意图(尺寸单位:m)

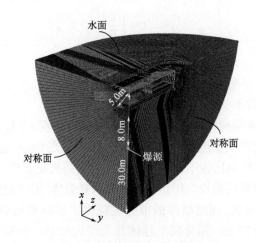

图 8-6　1/4 船体和流域有限元网格模型

流域采用声学网格 AC3D8R 划分,根据 ABAQUS 帮助文件,声学网格的最大允许单元长度 L_{max} 和传递的波的频率有关,有:

$$f_{max} < \frac{c_w}{n_{min} L_{max}} \qquad (8\text{-}14)$$

式中:f_{max}——频率,Hz;

　　　c_w——流体波速,m/s;

　　　n_{min}——一个波长内的网格数量,建议其值大于 10。

波长$\lambda_{\min}$随频率的增加而减小,则最大声学网格尺寸应为:

$$L_{\max} < \frac{c}{n_{\min}f_{\max}} = \frac{\lambda_{\min}}{n_{\min}} \qquad (8\text{-}15)$$

冲击波最短波长$\lambda_{\min}$可以按照式(8-16)计算:

$$\lambda_{\min} = 6.7\theta c_{\mathrm{w}} \qquad (8\text{-}16)$$

式中:θ——冲击波第一阶段的衰减时间,t。

在给定的工况下,计算得到的$L_{\max}$应该小于386 mm。

为保证计算精度,在爆源点到船底爆距点之间划分了30层网格,网格平均尺寸为260 mm,在靠近流固耦合面附近的网格更小,约为170mm,流域网格总数为746967。船体结构使用壳单元建模,结构网格尺寸对计算结果准确性有一定影响,尤其是发生冲击变形损伤较显著的夹层腹板网格尺寸。本节提取冲击爆源点垂直上方位置X形夹层中央平台上的壳板轴力,对X形夹层腹板网格进行网格收敛性分析。图8-7给出了爆源点垂直上方的65-A-U夹层中央平台一端的壳单元轴向力F在冲击载荷作用下的历程曲线,由于爆炸冲击响应持续时间短,应力波动大,历程曲线有显著振荡。具有不同腹板网格长度L_{e}的有限元计算结果均显示X形夹层在接近5ms时发生后屈曲断裂,但是其壳内应力历程随网格尺寸不同有不同程度的区别。

20~40mm的网格模型(图8-7)的历程曲线变化规律基本一致,峰值也较为接近,但较大的网格模型则有明显不同的响应结果。腹板网格长度从20mm变化至40mm,夹层失效时中央小平台上壳截面轴向应力相差在20%以内,而40mm以上网格导致轴力变化大于50%,综合考虑计算效率和准确性,X形夹层腹板沿轴向的尺寸为30mm。外壳、甲板和横舱壁的单元尺寸为100mm,船体结构的网格总数约为76000个,不同夹层构型的模型网格数量有略微差别。复合材料X形夹层船底板的铺层方向和面-芯连接方式示意图如图8-8所示,在复合材料芯层和面板间设置了粘接接触用于模拟冲击载荷下的面芯脱粘,粘接接触刚度和失效强度参数见表8-1。

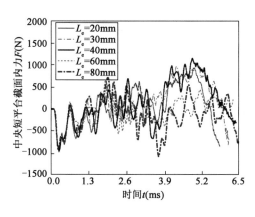

图8-7　不同腹板网格尺寸L_{e}对X形夹层中央平台壳轴向合力–时间曲线的影响

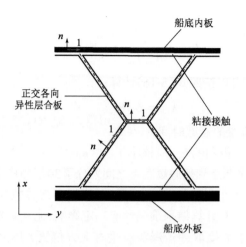

图 8-8　复合材料 X 形夹层船底板的铺层方向和面-芯连接方式示意图

复合材料 X 形夹层结构面-芯粘接接触属性　　　　　　表 8-1

参数	K_{nn}(MPa/mm)	K_{ss}(MPa/mm)	K_{tt}(MPa/mm)	σ_{nn}(MPa)	τ_{ss}(MPa)	τ_{tt}(MPa)
数值	80000	40000	40000	42	86	86

内、外底板和芯子构件均为正交铺设层合板。在设置的材料局部坐标系中,层合板的 $90°$(2 方向)方向平行于船长方向,由于正交铺设,复合材料 1 和 2 方向的性能可以认为相同。

8.3　夹层船底结构的冲击响应和失效模式

一组典型的复合材料 X 形夹层船底结构在两种不同当量水下爆炸冲击波作用下的变形失效过程如图 8-9 所示,选取的夹层结构 65-A-U 和 65-B-U 的夹层腹板倾角为 $65°$,横向包含 8 个单胞,内、外底板厚度相同。云图中的无量纲状态变量 SDV17 表示复合材料面内纤维断裂失效,数值 0 表示没有损伤,1 表示积分点位置材料完全失效断裂,w 表示炸药当量,kg,R 表示爆炸半径,m。从图 8-9 中可以看到,在不同冲击因子的载荷作用下,复合材料夹层均出现了明显的大范围压缩失效,内、外底板也出现了明显的弯曲变形,这是冲击冲程中复合材料夹层主要的吸能方式。在较低冲击因子的冲击载荷作用下,夹层的损伤速率更加缓慢,可以观察到 X 形夹层先是出现了屈曲失效,随后在后屈曲状态下发生了腹板的断裂;而在冲击因子较大时,相同相对密度的夹层整体屈曲变形并不明显,主要以局部压缩断裂失效为主。在低冲击因子工况下,复合材料内、外底板的均没有出现面内纤维损伤,而在较高冲击因子工况下,复合材料内、外底板出现了不同程度的损伤。

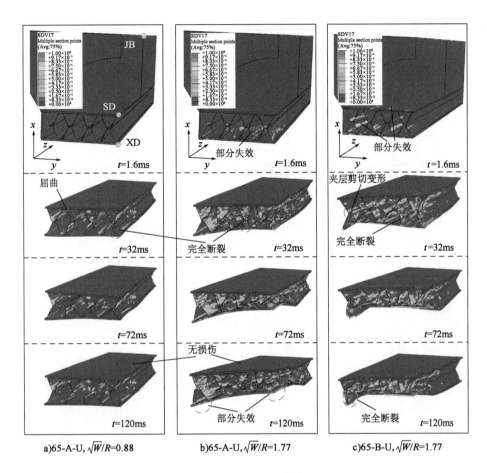

a) 65-A-U, $\sqrt{W}/R$=0.88   b) 65-A-U, $\sqrt{W}/R$=1.77   c) 65-B-U, $\sqrt{W}/R$=1.77

图8-9 不同复合材料X形夹层船底在不同冲击因子$\sqrt{W}/R$冲击载荷作用下的变形失效过程

在爆炸冲击载荷作用下,船体重要部位的变形大小及其形变速率对船体安全有重要意义,过大、过快的形变造成船体设备的损坏,同时也可能危害内部人员的身体健康。本章研究的爆炸冲击载荷爆源点位于船舯正下方位置,结构响应主要以垂向为主。图8-10为具有不同船底夹层结构的船体甲板—节点(JB)位置处的垂向位移-时间曲线。

甲板节点JB选取在船体中纵剖面和横舱壁以及甲板的交点,可以看到如图8-11所示的甲板测点位移随时间增加近似线性上升,这是由于位于水面的船体在船底爆炸冲击波作用下产生了一个持续向上的运动速度。在本模型中,横舱壁以及舷侧外板等强化构件在该冲击载荷下的垂向变形极小,因此该甲板节点JB的位移近似等于船体上部结构的整体刚体位移。结果表明在不同冲击因子工况下,具有复合材料X形夹层船底结构和钢制格栅型船底结构的船体甲板位移速率较为相似,低密度的复合材料X形夹层会减少传递至上部结构的冲击载荷,导致甲板测点位移速率稍低。而在冲击作用下钢制X形夹层和内、外底板会发生较大的塑性变形,极大地削弱了传递至横舱壁和甲板等上部结构的冲击载荷,因此其垂向位移速率最慢。

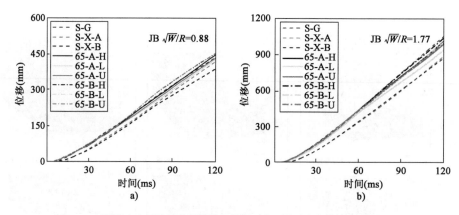

图8-10　不同船底夹层结构的船体甲板节点JB位置的垂向位移–时间曲线

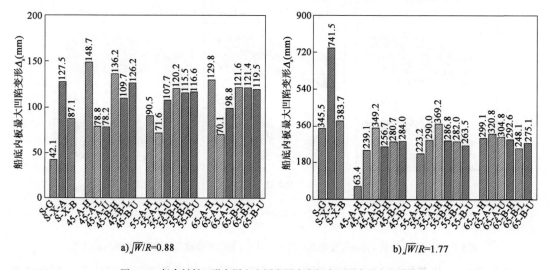

a) $\sqrt{W}/R=0.88$　　　　　　　　　b) $\sqrt{W}/R=1.77$

图8-11　复合材料X形夹层和金属夹层内底板中心测点最大凹陷位移

内底板的凹陷变形程度Δ_s是反映结构损伤程度的重要指标,由于本章涉及的冲击过程中横舱壁变形极小,内底板中心点的相对凹陷变形可以用式子$\Delta_s = w_{SD} - w_{JB}$计算,即内底板垂向位移与甲板测点垂向位移之差。不同构型的夹层内底板最大凹陷变形Δ_s如图8-11所示。由于冲击波加载时间最多只到20ms,试算发现计算时间取120ms时复合材料夹层船底板的相对变形量可达最大值;需要指出的是,发生极大压缩变形的金属X形夹层船底板S-X-A和S-X-B在冲击因子为1.88的载荷作用下在120ms内没有达到最大压缩变形,还会继续压陷变形,从图8-11可以看出,在低冲击因子工况下,复合材料X形夹层船底内板的最大凹陷均大于金属格栅结构的内底板变形,这是由于金属格栅结构内底板中心测点下方有纵横设置的腹板加强,极大地抑制了变形。低相对密度搭配厚内底板的复合材料夹层可以更好地吸收冲击能量,如45-A-L,55-A-L和65-A-L,其次是内、外底板厚度相同的45-A-U,55-A-U和65-A-U夹层。

8.4　结构冲击响应谱

在爆炸冲击载荷作用下,船体各典型位置的冲击环境对评估舰载设备的抗冲击性能有重要意义。本节主要研究不同船底夹层结构对船体典型测点位置最大冲击响应谱的影响,分析全复合材料夹层船底结构对船体冲击环境的改变机理。选取的典型测点位置如图8-12所示,对于复合材料和金属X形夹层结构,船体内、外底板的最大冲击谱速度均位于船体中纵剖面上,而对于金属格栅结构而言,测点SD1和XD1位置都有垂向腹板的加强,因此,其最大响应位置位于图中SD3和XD3位置。

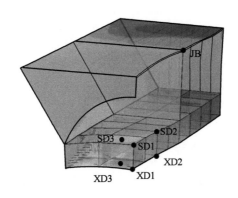

图8-12　船体典型测点位置示意图

舰载设备和局部结构的频率通常在10~300 Hz之间,因此本节选取的截止频率为此范围。对原始测点加速度信号滤波后的典型加速度时程曲线如图8-13所示,可以看到随着冲击因子增大,甲板测点的加速度峰值明显增加,而内底板中心测点加速度峰值变化较小。整体上复合材料夹层结构测点位置的加速度峰值均大于金属夹层结构,尤其位于内底板中心的测点加速度差距可达5倍左右。

通过加速度时程曲线计算得到的典型冲击响应谱如图8-14所示,图中分别给出了金属格栅夹层结构(S-G),金属X形夹层结构(S-X-B)和两种复合材料X形夹层结构45-A-U和45-A-H在不同冲击因子载荷作用下不同测点的冲击谱。相比时域加速度曲线,时域的冲击响应谱可以更好地反映冲击载荷在结构上的优势频率,更直观地度量冲击波的恶劣程度,为设备安装和防护提供更有意义的参考。

舰船冲击环境评估通常使用相对速度谱,图8-14中横坐标为频率f,纵坐标为伪速度谱$v(\omega)$,在阻尼可以忽略的单自由度系统中,可按下式计算:

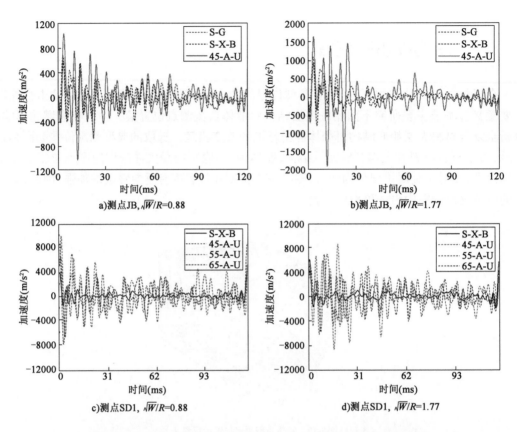

a)测点JB, $\sqrt{W}/R=0.88$

b)测点JB, $\sqrt{W}/R=1.77$

c)测点SD1, $\sqrt{W}/R=0.88$

d)测点SD1, $\sqrt{W}/R=1.77$

图8-13　甲板测点JB加速度时程曲线和内底板中心测点SD1加速度时程曲线

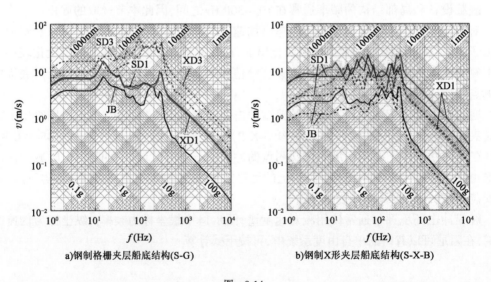

a)钢制格栅夹层船底结构(S-G)

b)钢制X形夹层船底结构(S-X-B)

图　8-14

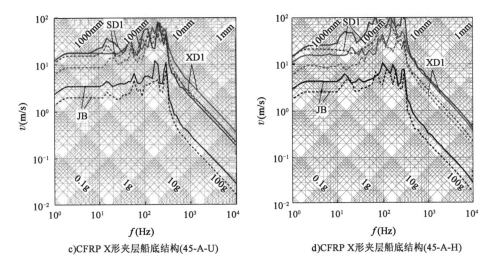

c)CFRP X形夹层船底结构(45-A-U)　　　　d)CFRP X形夹层船底结构(45-A-H)

图8-14　不同种类夹层船底结构典型测点在不同冲击因子载荷作用下的冲击响应谱

$$v(\omega) = \max\left(\left|\int_0^t \ddot{x}_0(\tau)\sin\omega(t-\tau)\mathrm{d}\tau\right|\right) \tag{8-17}$$

式中：ω——圆频率，rad/s；

$\ddot{x}_0(t)$——测点时域加速度信号。

图8-13中±45°斜线分别对应相对谱位移$D(\omega)$和绝对谱加速度$A(\omega)$，它们之间满足关系$v(\omega) = \omega D(\omega)$和$A(\omega) = \omega^2 D(\omega)$。图8-14中实线表示冲击因子1.77工况结果，虚线表示冲击因子0.88工况结果。可以看到，冲击经过船底板和横舱壁后得到了极大的衰减，因此船体甲板测点JB的谱速度最低，而受到直接冲击的船底夹层结构上的两个测点的冲击谱差距不大，对于金属夹层结构，内底板中心测点与外底板中心测点的谱速度几乎相同，而对于复合材料夹层结构，内底板中心测点的谱速度甚至更高，这可能是因为脆性夹层失效前可以增加船底外板的刚度，抑制了谱速度的上升，但是失效后的复合材料夹层对内底板的增强作用较小，刚度不足的内底板在冲击作用下产生了幅度更大的振荡。此外，冲击因子越大，所有测点的谱速度都会有不同程度的上升。对比金属夹层结构的内、外底板测点与复合材料内、外底板测点的冲击谱可以发现，复合材料夹层结构测点位置在关注频率范围内的谱速度几乎都大于同一位置金属夹层的响应，这表明在该频率范围内复合材料X形夹层船底结构的冲击环境较恶劣。

不同冲击因子载荷作用下金属夹层船底板和复合材料X形夹层船底板与甲板测点的谱速度在表8-2中列出，其值为对如图8-14所示的冲击响应谱进行规整得到的设计谱速度。对于甲板测点，复合材料夹层结构和金属格栅夹层结构的差距相对较小，但最大也可达80%，船底外板更薄的45-A-L，55-A-L和65-A-L结构的吸能效果最好，差距最小可达1%，但是该类结构通过牺牲船底外板提升吸能效果，不利于保持船体的总体剩余强度和水密性。

复合材料夹层船底内、外底板测点上的谱速度与金属夹层结构的差距更大,最高可高10倍。船底外板容易损伤断裂的45-A-L,55-A-L和65-A-L结构的内、外底板测点上的谱速度同样相对其他复合材料夹层构型最低,其不仅由外底板的拉伸断裂吸收了部分能量,同时较厚的内底板拥有更高的刚度,减小了冲击载荷导致的振荡幅值。而夹层相对密度大,面板面密度较小的45-B,55-B和65-B结构的测点冲击环境通常是最为恶劣的,由于高密度夹层压缩强度高,会传递更高幅值的冲击波至内底板和上部结构,此外面板更薄刚度更低,更难以抵抗冲击载荷。

不同冲击因子下金属夹层船底板和复合材料夹层船底板与甲板测点谱速度　　表 8-2

冲击因子	谱速度(m/s)									
	测点 JB		测点 SD1		测点 SD2		测点 XD1		测点 XD2	
$\sqrt{W}/R$	0.88	1.77	0.88	1.77	0.88	1.77	0.88	1.77	0.88	1.77
S-G	2.43	3.86	3.45	7.27	4.48	8.20	3.43	6.90	4.41	7.88
S-X-A	1.79	2.69	3.50	7.63	4.20	8.61	4.36	7.24	3.84	7.36
S-X-B	2.02	2.79	5.76	10.33	6.22	10.57	7.80	11.36	5.81	12.28
45-A-H	3.71	5.09	40.11	46.30	33.55	42.18	17.23	31.87	15.96	29.58
45-A-L	2.95	3.72	24.73	23.98	19.87	21.94	30.30	29.35	19.85	24.06
45-A-U	2.97	5.08	28.82	32.95	29.04	25.59	20.47	32.04	14.56	26.13
45-B-H	4.24	5.72	40.84	63.15	34.50	45.69	18.26	30.69	13.60	24.19
45-B-L	3.53	4.40	33.04	35.92	23.40	35.16	24.47	36.80	17.64	36.29
45-B-U	3.85	5.13	42.95	41.47	30.57	33.57	21.08	27.36	16.65	24.23
55-A-H	3.55	5.17	23.72	32.02	18.20	24.45	15.56	32.18	13.49	26.68
55-A-L	3.39	3.84	23.36	19.84	20.23	21.75	22.55	28.28	15.95	22.08
55-A-U	3.32	4.98	25.78	26.97	20.88	24.05	19.30	29.22	16.28	27.02
55-B-H	3.70	5.04	24.43	47.38	18.64	30.14	15.26	30.72	15.37	22.47
55-B-L	3.52	5.14	24.05	23.06	17.62	18.43	28.04	21.76	16.86	20.16
55-B-U	4.18	4.68	27.78	26.47	19.24	23.75	20.43	23.32	16.91	21.23
65-A-H	3.88	5.66	24.49	34.15	17.71	28.06	16.01	30.77	12.32	25.82
65-A-L	3.61	4.18	25.91	25.70	20.80	24.46	20.54	21.10	16.89	20.38
65-A-U	3.81	5.28	25.21	26.25	16.47	29.45	19.97	31.04	12.54	22.06
65-B-H	4.25	5.25	21.43	27.38	15.16	28.39	15.52	24.39	13.58	19.81
65-B-L	4.39	5.50	22.22	28.07	18.31	18.82	25.57	36.47	18.00	21.83
65-B-U	4.09	5.19	25.40	35.32	19.89	21.96	19.52	33.74	16.27	19.24

计算结果表明,全CFRP X形复合材料夹层结构的冲击环境比等质量的金属夹层结构恶劣的原因主要有以下几点:

(1)复合材料X形夹层压缩强度高,且材料失效应力高,导致外底板遭受的冲击载荷会更快且较少地会传递至内底板,增加了内底板遭受的冲击载荷。

(2)脆性复合材料芯层的压溃吸能远远不及金属芯层的塑性变形吸能,在复合材料夹层压溃后,内、外底板的冲击载荷几乎完全依靠面板的弯曲变形耗散。

(3)CFRP复合材料最高效的能量耗散方式为拉伸断裂,但是强度较高的纤维增强复合材料面板在计算工况下通常没有发生大面积的拉伸断裂吸能。

在设计复合材料X形船底结构时,需要综合考虑结构在冲击载荷下的毁伤、变形程度和冲击环境,为降低船底板结构的毁伤程度和最大形变,应优先选择45-A-H/U,55-A-H/U和65-A-H/U结构。对比这些面密度相同的结构,内、外底板厚度相同的45-A-U,55-A-U和65-A-U结构的内底板和甲板谱速度更低,而腹板倾角及其带来的单胞数量变化对结构测点位置的冲击环境影响可以忽略。

为了降低内底板的谱速度,可行的手段有增加内底板厚度、填充吸能材料与局部增强等,其中填充吸能材料,如聚氨酯泡沫,是最简便经济的方式。如图8-15所示,在45-A-U和45-A-H两种结构基础上填充了密度为$37.7kg/m^3$低密度聚氨酯泡沫X形夹层船底结构的冲击响应谱。可以看到填充泡沫后的夹层结构内、外底板中心测点的谱速度都有一定程度的下降,45-A-U和45-A-H结构的泡沫填充结构各测点的谱速度见表8-3。填充泡沫使复合材料夹层结构的面密度增加了17.3%,可以使内底板最大谱速度下降33.9%,使船底外板最大谱速度下降10%以上。但是填充泡沫对改善甲板测点位置的冲击环境并不显著,这是因为横舱壁连接位置的复合材料夹层没有完全失效,作用在底板上的冲击波仍然可以通过未损坏的夹层传递至上部结构,泡沫没有起到有效的能量耗散效果。

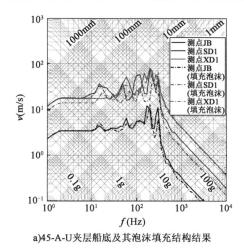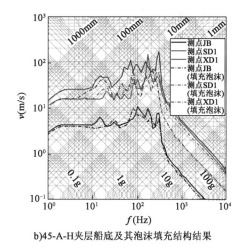

a)45-A-U夹层船底及其泡沫填充结构结果　　　　　　b)45-A-H夹层船底及其泡沫填充结构结果

图8-15　X形夹层结构及其泡沫填充夹层结构典型测点的冲击响应谱

泡沫填充复合材料 X 形夹层船底结构测点谱速度和相对降低值（Rd.） 表 8-3

结构	测点 JB		测点 SD1		测点 SD2		测点 XD1		测点 XD2	
	谱速度 （m/s）	Rd.（%）	谱速度 （m/s）	Rd.（%）	谱速度 （m/s）	Rd.（%）	谱速度 （m/s）	Rd.（%）	谱速度 （m/s）	Rd.（%）
45-A-U （填充泡沫）	4.67	8.1	21.77	33.9	20.22	21.0	27.67	13.6	21.36	18.3
45-A-H （填充泡沫）	5.16	−1.4	34.00	26.6	31.73	24.8	28.29	11.2	25.87	12.5

8.5 本章小结

本章设计了具有不同几何尺寸和面-芯质量比的 CFRP X 形夹层船底结构，并采用数值仿真方法研究了 CFRP X 形夹层船底结构抗水下非接触爆炸冲击性能，同时对比分析了等面密度的钢制夹层船底结构在冲击毁伤特性、底板变形程度和船体冲击环境等方面的动态响应与复合材料夹层船底响应的区别。研究结果表明，在水下爆炸冲击载荷作用下，等质量的 CFRP X 形夹层结构的内、外底板相比金属夹层板具有更高的损伤容限。在低冲击因子载荷下，复合材料夹层结构的内底板凹陷变形与金属夹层相当；但在高冲击因子载荷下，复合材料夹层结构的内底板凹陷变形相比金属格栅结构平均可以减少 20%。

参 考 文 献

[1] 汪璇, 裴轶群, 周方宇, 等. 船舶复合材料应用现状及发展趋势[J]. 造船技术, 2021, 49 (4): 74-80.

[2] 李晓文, 朱兆一, 李妍, 等. 船舶复合材料上层建筑概念设计及力学行为研究[J]. 船舶工程, 2018, 40(5): 88-93.

[3] 王飞. 复合材料在军用电子装备领域的应用现状与发展趋势[J]. 纤维复合材料, 2020, (3): 105-108.

[4] 施军, 黄卓. 复合材料在海洋船舶中的应用[J]. 玻璃钢/复合材料, 2012 (S1): 269-273.

[5] MOURITZ A P, GELLERT E, BURCHILL P, et al. Review of advanced composite structures for naval ships and submarines[J]. Composite Structures, 2001, 53(1): 21-42.

[6] HORSMON A W. Composites for large ships[J]. Evanston: Journal of Ship Production, 1994, 10(4): 274-280.

[7] KELLY A, ZWEBEN C. Comprehensive composite materials [M]. Oxford: Pergamon Press, 2000.

[8] CHEN C, LEGRAND X, HONG Y, et al. Investigation and prediction of laminate quality and interlaminar mechanical performance of the tufted sandwich composites with different core structures[J]. Composite Structures, 2023, 306: 116594.

[9] KUEH A B H, SIAW Y Y. Impact resistance of bio-inspired sandwich beam with sidearched and honeycomb dual-core[J]. Composite Structures, 2021, 275: 114439.

[10] TARLOCHAN F. Sandwich structures for energy absorption applications: a review[J]. Materials, 2021, 14(16): 4371.

[11] XIONG J, MA L, VAZIRI A, et al. Mechanical behavior of carbon fiber composite lattice core sandwich panels fabricated by laser cutting[J]. Acta Materialia, 2012, 60(13-14): 5322-5334.

[12] FAN H L, FANG D N, CHEN L M, et al. Manufacturing and testing of a CFRC sandwich cylinder with Kagome cores[J]. Composite Science Technology, 2009, 69(15-16): 2695-2700.

[13] XU J, WU Y B, WANG L B, et al. Compressive properties of hollow lattice truss reinforced honeycombs (Honeytubes) by additive manufacturing: Patterning and tube alignment effects [J]. Material Design. 2018, 156: 446-457.

[14] LI G Q, MUTHYALA V D. Impact characterization of sandwich structures with an integrated orthogrid stiffened syntactic foam core[J]. Composite Science Technology, 2008, 68 (9): 2078-2084.

[15] JIANG S, SUN F F, FAN H L, et al. Fabrication and testing of composite orthogrid sand-

wich cylinder[J]. Composite Science Technology, 2017, 142:171-179.

[16] WU X Y, LI D F, XIONG J. Fabrication and mechanical behaviors of an all-composite sandwich structure with a hexagon honeycomb core based on the tailor-folding approach[J]. Composite Science Technology 2019, 184:107878.

[17] KAZEMAHVAZI S, TANNER D, ZENKERT D. Corrugated all-composite sandwich structures. Part 2: Failure mechanisms and experimental programme [J]. Composite Science Technology, 2009, 69(7-8):920-925.

[18] ZENG C, LIU L, BIAN W, et al. Bending performance and failure behavior of 3D printed continuous fiber reinforced composite corrugated sandwich structures with shape memory capability[J]. Composite Structures, 2021, 262:113626.

[19] LIU J L, HE. Z P, LIU J Y, et al. Bending response and failure mechanism of composite sandwich panel with Y-frame core[J]. Thin-Walled Structures, 2019, 145:106387.

[20] LIU Z K, LIU J X, LIU J Y, et al. The impact responses and failure mechanism of composite gradient reentrant honeycomb structure[J]. Thin-Walled Struct, 2023, 182:110228.

[21] ASHBY M F. Drivers for Material Development in the 21st Century[J]. Progress in Materials Sciences, 2001, 46(3-4):191-199.

[22] HA D, TSAI S W. Interlocked composite grids design and manufacturing[J]. Journal of Composite Materials, 2003, 37(4):287-316.

[23] PEDERSEN C B W, DESHPANDE V S, FLECK N A. Compressive response of the Y-shaped sandwich core[J]. European Journal of Mechanics, 2006, 25(1): 125-141.

[24] MEI J, LIU J, LIU J. A novel fabrication method and mechanical behavior of all-composite tetrahedral truss core sandwich panel[J]. Composites Part A: Applied Science and Manufacturing. 2017, 102: 28-39.

[25] MA L, CHEN Y L, YANG J S, et al. Modal characteristics and damping enhancement of carbon fiber composite auxetic double-arrow corrugated sandwich panels [J]. Composite Structures. 2018, 203: 539-550.

[26] GUO M F, YANG H, MA L. Design and analysis of 2D double-U auxetic honeycombs[J]. Thin-Walled Structures. 2020, 155: 106915.

[27] JIANG W, ZHOU J, LIU J, et al. Free vibration behaviours of composite sandwich plates with reentrant honeycomb cores[J]. Applied Mathematical Modelling, 2023, 116: 547-568.

[28] ZHANG X, HAO H, SHI Y, et al. Static and dynamic material properties of CFRP/epoxy laminates[J]. Construction & Building Materials, 2016, 114:638-649.

[29] AL-MOSAWE A, AL-MAHAIDI R, ZHAO X L. Engineering properties of CFRP laminate under high strain rates[J]. Composite Structures, 2017, 180:9-15.

[30] DESHPANDE V, FLECK N. Isotropic constitutive model for metallic foams[J]. Journal of the Mechanics and Physics of Solids, 2000, 48:1253-1276.

［31］ WERNER S, DHARAN C. The dynamic response of graphite fiber-epoxy laminates at high shear strain rates［J］. Journal of Composite Materials, 1986,20(4):365-374.

［32］ HOSUR M, ADYA M, VAIDYA U, et al.Effect of stitching and weave architecture on the high strain rate compression response of affordable woven carbon/epoxy composites［J］. Composite Structures, 2003,59(4):507-523.

［33］ PLOECKL M, KUHN P, GROSSER J,et al.A dynamic test methodology for analyzing the strain-rate effect on the longitudinal compressive behavior of fiber-reinforced composites. Composite Structures, 2017; 180:429-438.

［34］ HUANG W, XU H, FAN Z,et al.Compressive response of composite ceramic particlereinforced polyurethane foam［J］. Polymer Testing, 2020,87:106514.

［35］ TILBROOK M T, RADFORD D D, DESHPANDEV S,et al.Dynamic crushing of sandwich panels with prismatic lattice cores［J］. International Journal of Solids and Structures, 2007, 44(18-19):6101-6123.

［36］ FELI S, POUR M H N. An analytical model for composite sandwich panels with honeycomb core subjected to high-velocity impact［J］. Composites Part B (Engineering), 2012,43(5): 2439-2447.

［37］ JEDDI M, YAZDANI M, HASAN-NEZHAD H. Energy absorption characteristics of aluminum sandwich panels with Shear Thickening Fluid (STF) filled 3D fabric cores under dynamic loading conditions［J］. Thin-Walled Structures, 2021,168:108254.

［38］ ALONSO L, SOLIS A. High-velocity impact on composite sandwich structures: A theoretical model［J］. International Journal of Mechanical Sciences, 2021, 201:106459.

［39］ YAN J, LIU Y, YAN Z, et al.Ballistic characteristics of 3D-printed auxetic honeycomb sandwich panel using CFRP face sheet［J］. International Journal of Impact Engineering, 2022,164:104186.

［40］ WIELEWSKI E J,BIRKBECK A,THOMSON R D.Ballistic resistance of spaced multilayer plate structures:Experiments on Fibre Reinforced Plastic targets and an analytical framework for calculating the ballistic limit［J］.Materials & Design,2013,50:737-741.

［41］ DESHPANDE V S, FLECK N A. Isotropic constitutive models for metallic foams［J］. Journal of the Mechanics and Physics of Solids. 2000, 48: 1253-1283.

［42］ RADFORD D D, DESHPANDE V S, FLECK N A. The use of metal foam projectiles to simulate shock loading on a structure［J］. International Journal of Impact Engineering, 2005,31(9):1152-1171.

［43］ RADFORD D D, FLECK N A, DESHPANDE V S. The response of clamped sandwich beams subjected to shock loading［J］. International Journal of Impact Engineering, 2006,32 (6):968-987.

［44］ XUE Z, HUTCHINSON J W. A comparative study of impulse-resistant metal sandwich plates[J]. International Journal of Impact Engineering, 2004,30(10):1283-1305.

[45] LI Y, XIAO W, WU X, et al.Analytical study on the dynamic response of foam-core sandwich plate under wedge impact[J]. International Journal of Impact Engineering, 2023, 173: 104464.

[46] ALLEN H G, NEAL B G. Analysis and design of structural sandwich panels[M].Oxford: Pergamon Press, 1969.

[47] ASTM: D7250/D7250M-16. Standard practice for determining sandwich beam flexural and shear stiffness[S]. ASTM Int, West Conshohocken (PA). 2016.

[48] TAYLOR G I. The pressure and impulse of submarine explosion waves on plates[J]. The Scientific Papers of G. I. Taylor, vol. III. Cambridge, UK: Cambridge University Press, 1963: 287-303.

[49] MCMEEKING R M, SPUSKANYUK A V, HE M Y, et al. An analytic model for the response to water blast of unsupported metallic sandwich panels[J]. International Journal of Solids and Structures, 2008, 45(2): 478-496.

[50] KENNARD E H. Cavitation in an elastic liquid[J]. Physical Review, 1943, 63(5/6): 172-181.

[51] REID S R, PENG C. Dynamic uniaxial crushing of wood[J]. International Journal of Impact Engineering, 1997, 19(5-6): 531-570.

[52] TAN P J, REID S R, HARRIGAN J J, et al. Dynamic compressive strength properties of aluminium foams. Part II 'shock' theory and comparison with experimental data and numerical models[J]. Journal of the Mechanics and Physics of Solids, 2005, 53(10): 2206-2230.

[53] DESHPANDE V S, HEAVER A, FLECK N A. An underwater shock simulator[J]. Proeedings of the Royal Society A: Mathematical[J]. Physical and Engineering Sciences,2006, 462 (2067): 1021-1041.

[54] SCHIFFER A, TAGARELLI V L. The response of rigid plates to blast in deep water: Fluid - structure interaction experiments[J]. Proceedings of the Royal Society A, (2012),468: 2807-2828.

[55] HUANG W, ZHANG W, HUANG X, et al. Dynamic response of aluminum corrugated sandwich subjected to underwater impulsive loading: Experiment and numerical modeling [J]. International Journal of Impact Engineering, 2017, 109: 78-91.

[56] 任鹏. 非药式水下冲击波加载技术及铝合金结构抗冲击特性研究[D].哈尔滨:哈尔滨工业大学,2014.

[57] AVACHAT S, ZHOU M. High-speed digital imaging and computational modeling of dynamic failure in composite structures subjected to underwater impulsive loads[J]. International Journal of Impact Engineering,2015, 77: 147-165.

[58] ESPINOSA H D, LEE S, MOLDOVAN N. A bovel fluid structure interaction experiment to

investigate deformation of structural elements subjected to impulsive loading[J]. Experimental Mechanics,2006, 46(6): 805-824.

[59] WEI X, TRAN P, VAUCORBEIL A D,et al.Three-dimensional numerical modeling of composite panels subjected to underwater blast[J]. Journal of the Mechanics and Physics of Solids, 2013, 61: 1319-1336.

[60] WEI X, VAUCORBEIL A D, TRAN P,et al.A new rate-dependent unidirectional composite model-Application to panels subjected to underwater blast[J]. Journal of the Mechanics and Physics of Solids, 2013, 61: 1305-1318.

[61] GEERS T L, HUNTER K S. An integrated wave-effects model for an underwater explosion bubble[J]. Journal of the Acoustical Society of America, 2002,111(4):1584-1601.

[62] 姚熊亮,张阿漫,许维军.声固耦合方法在舰船水下爆炸中的应用[J].哈尔滨工程大学学报, 2005,26(6):707-712.